实用电工技术
项目教程

主　编　冯珊珊

副主编　王　楠　董德永

参　编　李旭鑫

北京理工大学出版社
BEIJING INSTITUTE OF TECHNOLOGY PRESS

内 容 提 要

本书采用"项目贯穿"的教学模式，在项目的实施过程中体现了真实、完整的实际工作任务，充分体现了基于工作过程的全新教学理念。教学项目分别以安全用电与触电急救、指针式万用表的制作、家用日光灯电路安装测试、办公楼配电线路分析、变配电室变压器工作原理分析、汽车点火系统电路的设计与仿真测试六个实际项目内容为载体，涵盖了实用电工技术的主要内容。每个项目的实施过程均有知识点和技能点的积累，并有明确的操作步骤。每个项目都配备了丰富的视频、动画、课件、自测习题及初级电工证考试真题，便于教师教学、读者自学及考证复习。每个项目中还至少包含一个知识扩展，内容涵盖电工发展科技动态、实践案例等，全面提升综合素养。

本书内容覆盖面广、深浅度适中、实用性强，对标国家标准，融合"1+X"职业技能等级标准和技能大赛赛项要求，可作为高职高专院校电类专业电工类课程的教材，也适用于应用型本科、成人高等学校师生使用，同时也可供其他相关专业师生及工程技术人员参考。

图书在版编目(CIP)数据

实用电工技术项目教程 / 冯珊珊主编.－－北京：
北京理工大学出版社，2023.2
　　ISBN 978-7-5763-1966-8

　　Ⅰ.①实⋯　Ⅱ.①冯⋯　Ⅲ.①电工技术－高等学校－
教材　Ⅳ.①TM

中国版本图书馆CIP数据核字（2022）第258695号

出版发行 / 北京理工大学出版社有限责任公司

社　　　址 / 北京市海淀区中关村南大街5号

邮　　　编 / 100081

电　　　话 /（010）68914775（总编室）

　　　　　　　（010）82562903（教材售后服务热线）

　　　　　　　（010）68944723（其他图书服务热线）

网　　　址 / http://www.bitpress.com.cn

经　　　销 / 全国各地新华书店

印　　　刷 / 河北鑫彩博图印刷有限公司

开　　　本 / 787毫米×1092毫米　1/16

印　　　张 / 12.5　　　　　　　　　　　　　　　　　　　　　责任编辑 / 时京京

字　　　数 / 305千字　　　　　　　　　　　　　　　　　　　文案编辑 / 时京京

版　　　次 / 2023年2月第1版　2023年2月第1次印刷　　　　责任校对 / 刘亚男

定　　　价 / 59.00元　　　　　　　　　　　　　　　　　　　责任印制 / 王美丽

本书根据高职高专教育的特点和要求及编者多年高职高专教学经验的积累，贯彻以培养高职学生实践技能为重点、基础理论与实际应用相结合的指导思想，采用"项目贯穿"的教学模式，本着保证基础、掌握基本概念、结合生产实际、注重能力培养的原则，力求体现精练与实用，在内容安排上，以应用为目的，注重实用性、先进性，尽量删繁就简，遵循由浅入深、循序渐进的认知规律，将基本知识的学习融合在实际实训项目中，重点放在电路的分析及应用上，使教材重点突出、概念清楚、实用性强、注重综合应用能力和基本技能的培养。体系上贯穿应用实例，重点阐明交直流电路、动态电路和磁路的工作原理，强调分析与应用、实践技能的提高。

实用电工技术是一门应用性很强的专业基础课，实践性较强，这就要求学习者既要掌握基础理论知识，又要结合生产实际，注重能力培养，学习起来有较大的难度。在教学中要根据高职高专学生的知识基础及就业岗位需求组织教学内容，同时应采用适宜的教学方法，教、学、练一体化，注意理论教学与实践教学的融合。本书将教学内容分为若干个相对独立的实践项目，每个项目由若干个任务组成，教学过程应充分发挥学生的主动性、积极性，课内学习与课外自学相结合。

本书在编写过程中充分考虑了高职学生的学习特点及实际工作需要，注重教材的应用性、先进性、可读性，适用于高职电类专业学生使用，也适用于应用型本科、成人高等学校学生使用。全书设计了六个典型项目，在项目的学习中体现了真实、完整的实际工作任务，充分体现了基于工作过程的全新教学理念。教学项目分别以安全用电与触电急救、指针式万用表的制作、家用日光灯电路安装测试、办公楼配电线路分析、变配电室变压器工作原理分析、汽车点火系统电路的设计与仿真测试等实际项目内容为载体，涵盖了实用电工技术的主要内容。每个项目都配备了丰富的视频、动画、课件、自测习题及初级电工证考试真题，便于教师教学、读者自学及考证复习。每个项目中还至少包含一个知识扩展，内容涵盖电工发展科技动态、实践案例等，全面提升综合素养。

本书编写时在基础理论方面避免内容偏多、偏难、偏深的倾向，注重分析问题和解决问题能力的培养，理论与实践相结合，在理论讲授中注重传授实用知识和实用技术，各项目内容安排相对独立，便于不同专业、不同学时的课程根据需要选学。

本书由辽宁建筑职业学院冯珊珊担任主编，由辽宁建筑职业学院王楠、辽宁正新格瑞恩能源产业管理公司董德永担任副主编，由辽宁建筑职业学院李旭鑫担任参编。冯珊珊负责全书的修改及通读，并编写了项目一、项目六；李旭鑫编写了项目二、项目三；王楠编写了项目四、项目五；董德永提供了企业案例，并对教材内容优化提出了宝贵的建议。辽宁建筑职业学院机电工程学院的领导和教师在本书的编写过程中提供了有价值的参考意见及参考资料，校企合作共建单位亚龙智能装备集团股份有限公司东北区公司、大连海尔空调器有限公司的企业专家也对教材的出版提供了宝贵的意见和建议，在此表示感谢，同时也向为本书出版提供帮助的其他朋友表示感谢。

在本书编写过程中，编者参考了目前国内比较优秀的电工技术方面的有关资料，在此谨向有关作者表示感谢。

由于编者水平有限，书中难免出现错误及不足，热忱欢迎广大专家及读者对本书提出宝贵意见。

编　者

CONTENTS 目录

项目一　安全用电与触电急救

⚡ 项目描述

　　电在我们的生活中看不到，但却摸得着。无论在家庭生活中，还是在工作生产中，违规用电都是重大隐患。规范用电，做好用电安全防护，面对电气事故时冷静处理，会避免或减少"电老虎"的危害。

　　根据企业安全生产要求，对接国家标准《电击防护 装置和设备的通用部分》(GB/T 17045—2020)和《用电安全导则》(GB/T 13869—2017)，了解电对人体的影响，规范安全用电防护措施，明确不同场合的触电急救办法。

▶▶ 项目分解

```
                              知识储备
                                              ┌─ 电击
                         什么是触电事故 ───────┤
                                              └─ 电伤
            任务一  了解触电                    ┌─ 伤害程度与电流大小的关系
                事故                            ├─ 伤害程度与电流持续时间的关系
                         电流对人体的作用 ──────┤ 伤害程度与电流途径的关系
                                              ├─ 伤害程度与电流种类的关系
                                              └─ 人体阻抗

                              知识储备
                                              ┌─ 常用安全措施
                         安全用电常识 ─────────┤ 高压安全措施
安全用电与触电急救                             └─ 个人安全措施
            任务二  安全用电防护                ┌─ 保护接地
                措施                            ├─ 保护接零
                         安全用电技术措施 ──────┤ 设置漏电保护器
                                              └─ 电气设备相关要求

                              项目实施
                         使触电者迅速脱离电源
            触电急救        对症救护处理
                         外伤的处理
```

知识目标

1. 了解安全用电常识；
2. 了解触电方式；
3. 了解电流对人体的影响；
4. 掌握触电急救的方法及技巧。

能力目标

1. 能进行日常及对应工作场合的用电安全防护；
2. 会正确对触电人员进行急救。

素质目标

1. 培养安全生产意识；
2. 养成规范操作的良好职业习惯。

任务一　了解触电事故

任务描述

2020年，全国发生电力人身伤亡事故36起，电力人身死亡人数45人，其中触电造成8起事故，占人身伤亡事故起数的22%，由此可见触电事故的危害。因此，了解触电事故的起因、分类及电流与人体的关系，对今后从事电类相关工作非常重要。

学习要点

一、什么是触电事故

触电事故是由电流形式的能量造成的事故。当电流流过人体，人体直接接受局外电能时，人将受到不同程度的伤害，这种伤害叫作电击。当电流转换成其他形式的能量（如热能等）作用于人体时，人也将受到不同形式的伤害，这类伤害统称为电伤。

1. 电击

按照发生电击时电气设备的状态，电击可分为直接接触电击和间接接触电击。直接接触电击是触及设备和线路正常运行时的带电体发生的电击（如误触接线端子发生的电击），也称为正常状态下的电击；间接接触电击是触及正常状态下不带电，而当设备或线路故障时意外带电的导体发生的电击（如触及漏电设备的外壳发生的电击），也称为故障状态下的电击。由于二者发生事故的条件不同，所以防护技术也不同。

电击是电流通过人体、刺激机体组织，使肌肉非自主地发生痉挛性收缩而造成的伤害，严重时会破坏人心脏、肺部、神经系统的正常工作，形成危及人体生命的伤害。电击对人体的效应是由通过的电流决定的，而电流对人体的伤害程度与通过人体电流的强度、种类、持续时间、通过途径及人体状况等多种因素有关。

按照人体触及带电体的方式，电击可分为以下几种情况：

（1）单相电击。单相电击是指人体接触到地面或其他接地导体的同时，人体另一部位触及某一相带电体所引起的电击。单相电击的危险程度除与带电体电压高低、人体电阻、鞋和地面状态等因素有关外，还与人体离接地点的距离及配电网对地运行方式有关。一般情况下，接地电网中发生的单线电击比不接地电网中的危险性大。根据国内外的统计资料显示，单相触电事故占全部触电事故的70％以上。因此，防止触电事故的技术措施应将单相电击作为重点。

（2）两相电击。两相电击是指人体离开接地导体，人体某两部分同时触及两相带电导体所引起的电击。在此情况下，人体所承受的电压为三相系统中的线电压，因电压相对较大，其危险性也较大。在此指出，漏电保护装置对两相电击是不起作用的。

（3）跨步电压电击。人体进入地面带电的区域时，两脚之间承受的电压称为跨步电压。由跨步电压造成的电击称为跨步电压电击。

如图1-1所示，当电流流入地下时（这一电流称为接地电流），电流自接地体向四周流散（这时的电流称为流散电流），于是接地点周围的土壤中将产生电压降，接地点周围地面将带有不同的对地电压。接地体周围各点对地电压与至接地体的距离大致保持反比关系。因此，人站在接地点周围时，两脚之间可能承受一定的电压，会遭受跨步电压电击。

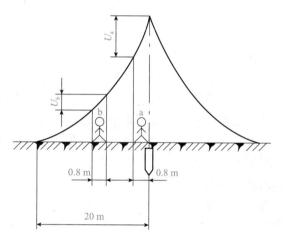

图1-1　对地电压曲线及跨步电压

可能发生跨步电压电击的情况有：带电导体特别是高压导体故障接地时，或者接地装置流过故障电流时，流散电流在附近地面各点产生的电位差可造成跨步电压电击；正常时有较大工作电流流过接地装置附近，流散电流在地面各点产生的电位差可造成跨步电压电击；防雷装置遭受雷击或高大设施、高大树木遭受雷击时，极大的流散电流在其接地装置或接地点附近地面产生的电位差可造成跨步电压电击。

跨步电压的大小受接地电流大小、鞋和地面的特征、两脚之间的跨距、两脚的方位及高接地点的远近等很多因素的影响。人的跨距一般按0.8 m考虑。图1-1中a、b两人都承受跨步电压。由于对地电压曲线离开接地点由陡而缓的下降特征，a承受的跨步电压高于b承受的跨步电压。当两脚与接地点等距离时（设接地体具有几何对称的特点），两脚之间是没有跨步电压的。因此，距离接地点越近，只是有可能承受跨步电压，但并不一定承受的跨步电压越大。由于跨步电压受很多因素的影响及地面电位分布的复杂性，几个人在同一地带（如同一棵大树下或同一故障接地点附近）遭到跨步电压电击完全可能出现截然不同的后果。

2. 电伤

电伤是由电流的热效应、化学效应、机械效应等对人体所造成的伤害。此伤害多见于机体的外部，往往在机体表面留下伤痕。能够形成电伤的电流通常比较大。电伤属于局部伤害，其危险程度取决于受伤面积、受伤深度、受伤部位等。电伤包括电烧伤、电烙印、皮肤金属化、机械损伤、电光眼等多种伤害，下面分别介绍。

（1）电烧伤。电烧伤是电流的热效应造成的伤害，是最为常见的电伤，大部分触电事故都含有电烧伤成分。电烧伤可分为电流灼伤和电弧烧伤。

1）电流灼伤是人体与带电体接触，电流通过人体由电能转换成热能而造成的伤害。由于人体与带电体的接触面积一般都不大，且皮肤电阻又比较高，因而产生在皮肤与带电体接触部位的热量就较多，因此，会使皮肤受到比体内严重得多的灼伤。电流越大，通电时间越长，电流途径上的电阻越大，则电流灼伤就越厉害。由于接近高压带电体时会发生击穿放电，因此电流灼伤一般发生在低压电气设备上。因电压较低，形成电流灼伤的电流不太大，但数百毫安的电流即可造成灼伤，数安的电流则会形成严重的灼伤。在高频电流下，因皮肤电容的旁路作用，有可能发生皮肤仅有轻度灼伤而内部组织却被严重灼伤的情况。

2）电弧烧伤是由弧光放电造成的伤害，可分为直接电弧烧伤和间接电弧烧伤。直接电弧烧伤发生在带电体与人体之间，有电流通过人体的烧伤；间接电弧烧伤发生在人体附近，对人体形成的烧伤及被熔化金属溅落的烫伤。

直接电弧烧伤是与电击同时发生的。弧光放电时电流很大，能量也很大，电弧温度高达数千摄氏度，可造成大面积的深度烧伤，严重时能将机体组织烘干、烧焦。电弧烧伤既可以发生在高压系统，也可以发生在低压系统。在低压系统，带负荷（尤其是感性负载）拉开裸露的闸刀开关时，产生的电弧会烧伤操作者的手部和面部，当线路发生短路，开启式熔断器熔断时，炽热的金属微粒飞溅出来会造成灼伤，因误操作引起短路也会导致电弧烧伤等；在高压系统中，由于误操作，会产生强烈的电弧，造成严重的烧伤；人体过分接近带电体，其间距小于放电距离时，直接产生强烈的电弧，造成电弧烧伤，严重时会因电弧烧伤而死亡。

在全部电烧伤的事故中，大部分事故发生在电气维修人员身上。因此，预防电伤具有重要的意义。

（2）电烙印。电烙印是电流通过人体后，在皮肤表面接触部位留下与接触带电体形状相似的斑痕，如同烙印。斑痕处皮肤呈现硬变，表层坏死，失去知觉。

（3）皮肤金属化。皮肤金属化是在电弧高温的作用下，金属熔化、气化，金属微粒渗入皮肤，造成皮肤粗糙且张紧的伤害。皮肤金属化多与电弧烧伤同时发生。

（4）机械损伤。机械损伤多数是由于电流作用于人体时，人的中枢神经反射使肌肉产生非自主的剧烈收缩所造成的。其损伤包括肌腱、皮肤、血管、神经组织断裂及关节脱位乃至骨折等。

（5）电光眼。电光眼是发生弧光放电时，由红外线、可见光、紫外线对眼睛产生的伤害。在短暂照射的情况下，引起电光眼的主要原因是紫外线。电光眼表现为角膜炎或结膜炎。

二、电流对人体的作用

电流通过人体时破坏人体内细胞的正常工作，主要表现为生物学效应。电流作用于人体还包含热效应、化学效应和机械效应。

电流的生物学效应主要表现为使人体产生刺激和兴奋行为，使人体活的组织发生变异，从一种状态变为另一种状态。电流通过肌肉组织，引起肌肉收缩。电流除对机体直接作用外，还可以对中枢神经系统起作用。由于电流引起细胞激动，产生脉冲形式的神经兴奋波，当兴奋波迅速地传到中枢神经系统后，后者即发出不同的指令，使人体各部位作相应的反应。因此，当人体触及带电体时，一些没有电流通过的部位也可能受到刺激，发生强烈的反应，重要器官的工作可能受到损坏。

在活的机体上，特别是肌肉和神经系统，有微弱的生物电存在。如果引入局外电流，生物电的正常规律将受到破坏，人体也将受到不同程度的伤害。

(1)电流通过人体，还有热作用。电流所经过的血管、神经、心脏、大脑等器官将因为热量增加而导致功能障碍。

(2)电流通过人体，还会引起机体内液体物质发生离解、分解，导致破坏。

(3)电流通过人体，还会使机体各种组织产生蒸汽，乃至发生剥离、断裂等严重破坏。

(4)电流通过人体，会引起麻感、针刺感、压迫感、打击感、痉挛、疼痛、呼吸困难、血压异常、昏迷、心律不齐、窒息、心室颤动等症状，严重时导致死亡(表1-1、表1-2)。

表 1-1　左手—右手电流途径的实验资料　　　　　　　　　　　mA

感觉情况	初试者百分数		
	5%	50%	95%
手表面有感觉	0.7	1.2	1.7
手表面有麻痹似的连续针刺感	1.0	2.0	3.0
手关节有连续针刺感	1.5	2.5	3.5
手有轻微颤动，关节有受压迫感	2.0	3.2	4.4
上肢有强力压迫的轻度痉挛	2.5	4.0	5.5
上肢有轻度痉挛	3.2	5.2	7.2
手硬直有痉挛，但能伸开，已感到有轻度疼痛	4.2	6.2	8.2
上肢部，手有剧烈痉挛、失去知觉，手的前表面有连续针刺感	4.3	6.6	8.9
手的肌肉直到肩部全面痉挛，还可能摆脱带电体	7.0	11.0	15.0

表 1-2　单手—双脚电流途径的实验资料　　　　　　　　　　　mA

感觉情况	初试者百分数		
	5%	50%	95%
手表面有感觉	0.9	2.2	3.5
手表面有麻痹似的针刺感	1.8	3.4	5.0
手关节有轻度压迫感，有强度的连续针刺感	2.9	4.8	6.7
前肢有压迫感	4.0	6.0	8.0

感觉情况	初试者百分数		
	5%	50%	95%
前肢有压迫感，足掌开始有连续针刺感	5.3	7.6	10.0
手关节有轻度痉挛，手动作困难	5.5	8.5	11.5
上肢有连续针刺感，腕部，特别是手关节有强度痉挛	6.5	9.5	12.5
肩部以下有强度连续针刺感，肘部以下僵直，还可以摆脱带电体	7.5	11.0	14.5
手指关节、踝骨、足跟有压迫感，手的大拇指(全部)痉挛	8.8	12.3	15.8
只有尽最大努力才可能摆脱带电体	10.0	14.0	18.0

1. 伤害程度与电流大小的关系

通过人体的电流越大，人的生理反应越明显，引起心室颤动所需的时间越短，致命的危险就越大，伤害也就越严重。对于工频交流电，按照不同电流强度通过人体时的生理反应，可将作用于人体的电流分为以下三级：

(1)感知电流和感知阈值。感知电流是指在一定概率下，电流流过人体时可引起感觉的最小电流。感知电流的最小值称为感知阈值。

不同的人，感知电流及感知阈值是不同的。女性对电流较敏感，在概率为50%时，一般成年男性平均的感知电流约为1.1 mA(有效值，下同)；成年女性约为0.7 mA左右。对于正常人体，感知阈值平均为0.5 mA，并与时间因素无关。感知电流一般不会对人体造成伤害，但可能因不自主反应而导致从高处跌落等二次事故。感知电流的概率曲线如图1-2所示。

(2)摆脱电流和摆脱阈值。摆脱电流是指在一定概率下，人在触电后能够自行摆脱带电体的最大电流。摆脱电流的最小值称为摆脱阈值。摆脱电流的概率曲线如图1-3所示。在概率为50%时，一般成年男性平均摆脱电流约为16 mA；成年女性平均摆脱电流约为10.5 mA。在摆脱概率为99.5%时，成年男性最小摆脱电流约为9 mA；成年女性最小摆脱电流约为6 mA；儿童的摆脱电流较成人要小。对于正常人体，摆脱阈值平均为10 mA，与时间无关。

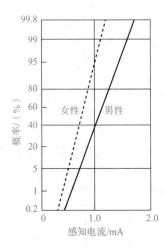

图1-2 感知电流的概率曲线

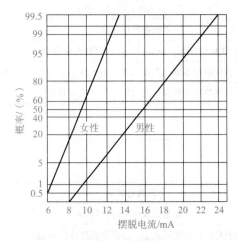

图1-3 摆脱电流的概率曲线

摆脱电流是人体可以忍受且一般尚不致造成不良后果的电流。电流超过摆脱电流以后，会感到异常痛苦、恐慌和难以忍受；如时间过长，则可能昏迷、窒息甚至死亡。

（3）室颤电流和室颤阈值。室颤电流是指引起心室颤动的最小电流，其最小电流即室颤阈值。由于心室颤动几乎终将导致死亡，因此可以认为室颤电流即致命电流。

电击致死的原因是比较复杂的。例如，在高压触电事故中，可能因为强电弧或很大的电流导致烧伤使人致命；在低压触电事故中，可能因为心室颤动，也可能因为窒息时间过长使人致命。一旦发生心室颤动，数分钟内即可导致死亡。因此，在小电流（不超过数百毫安）的作用下，电击致命的主要原因是电流引起心室颤动。因而，室颤电流是最小致命电流。

室颤电流和室颤阈值除取决于电流持续时间、电流途径、电流种类等电气参数外，还取决于机体组织、心脏功能等个体生理特征。

实验表明，室颤电流与电流持续时间有很大关系，如图 1-4 所示。室颤电流与时间的关系符合"Z"形曲线的规律。当电流持续时间超过心脏搏动周期时，人的室颤电流约为 50 mA 左右；当电流持续时间短于心脏搏动周期时，人的室颤电流约为数百毫安。当电流持续时间在 0.1 s 以下时，如电击发生在心脏易损期，500 mA 以上乃至数安的电流才能够引起心室颤动。在同样电流下，如果电流持续时间超过心脏跳动周期，可能导致心脏停止跳动。

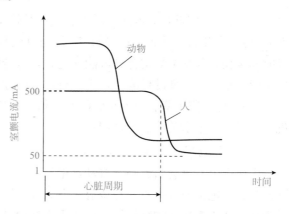

图 1-4　室颤电流-时间曲线

工频电流作用于人体的效应也可参考表 1-3 确定。在表 1-3 中，0 是没有感觉的范围；A1、A2、A3 是不引起心室颤动，不致产生严重后果的范围；B1、B2 是容易产生严重后果的范围。

表 1-3　工频电流对人体的作用

电流范围	电流/mA	电流持续时间	生理效应
0	0～0.5	连续通电	没有感觉
A1	0.5～5	连续通电	开始有感觉，手指手腕等处有麻感，没有痉挛，可以摆脱带电体
A2	5～30	数分钟以内	痉挛，不能摆脱带电体，呼吸困难，血压升高，是可忍受的极限
A3	30～50	数秒到数分钟	心脏跳动不规则、昏迷、血压升高、强烈痉挛、时间过长即引起心室颤动
B1	50～数百	低于心脏搏动周期	受强烈刺激，但未发生心室颤动
		超过心脏搏动周期	昏迷、心室颤动、接触部位留有电流通过的痕迹
B2	超过数百	低于心脏搏动周期	在心脏搏动周期特定的相位触电时，发生心室颤动、昏迷，接触部位留有电流通过的痕迹
		超过心脏搏动周期	心脏停止跳动，昏迷，可能致命电灼伤

2. 伤害程度与电流持续时间的关系

表 1-3 可表明，通过人体电流的持续时间越长，越容易引起心室颤动，危险性就越大，其主要原因有以下三点：

(1)能量的积累。电流持续时间越长，能量积累越多，引起心室颤动电流减小，使危险性增加。根据动物实验和综合分析得出，对于体重 50 kg 的人，当发生心室颤动的概率为 0.5％时，引起心室颤动的工频电流与电流持续时间之间的关系可用下式表示：

$$I = \frac{116}{\sqrt{t}}$$

心室颤动电流与电流持续时间的关系还可用下式表示：

$$\left.\begin{array}{l} 当 t \geqslant 1 \text{ s 时}, I = 50 \text{ mA} \\ 当 t < 1 \text{ s 时}, I \cdot t = 50 \text{ mA} \cdot \text{s} \end{array}\right\}$$

(2)与易损期重合的可能性增大。在心脏搏动周期中，只有相应于心电图上约 0.2 s 的 T 波(特别是 T 波前半部)这一特定时间是对电流最敏感的，该特定时间即易损期。电流持续时间越长，与易损期重合的可能性越大，电击的危险性就越大；当电流持续时间在 0.2 s 以下时，重合易损期的可能性较小，电击危险性也较小。

(3)人体电阻下降。电流持续时间越长，人体电阻因出汗等而降低，使通过人体的电流进一步增加，电击危险也随之增加。

3. 伤害程度与电流途径的关系

电流通过心脏会引起心室颤动，电流较大时会使心脏停止跳动，从而导致血液循环中断而死亡；电流通过中枢神经或有关部位，会引起中枢神经严重失调而导致死亡；电流通过头部会使人昏迷或对脑组织产生严重损坏而导致死亡；电流通过脊髓，会使人瘫痪等。

在上述伤害中，以心脏伤害的危险性为最大。因此，流过心脏的电流越多，电流路线越短的途径，是电击危险性越大的途径。

因此，左手至前胸是最危险的电流途径；右手至前胸、单手至单脚、单手至双脚、双手至双脚等也是很危险的电流途径。除表 1-1、表 1-2 中所列各途径外，头至手和头至脚也是很危险的电流途径。左脚至右脚的电流途径也有相当的危险，而且这条途径还可能使人站立不稳而导致电流通过全身，大幅度增加触电的危险性。局部肢体电流途径的危险性虽较小，但可能引起中枢神经系统失调导致严重后果或造成其他的二次事故。

各种电流途径发生的概率是不同的。例如，左手至右手的概率为 40％，右手至双脚的概率为 20％，左手至双脚的概率为 17％等。

需要注意的是，虽然不同路径的发生概率不同，但没有哪条路径是安全的路径。

4. 伤害程度与电流种类的关系

不同种类电流对人体伤害的构成不同，危险程度也不同，但各种电流对人体都有致命危险。

(1)直流电流的作用。直流电击事故较少，一方面是因为直流电流的应用比交流电流的应用少得多；另一方面是因为发生直流电击时比较容易摆脱带电体，室颤阈值也比较高。

直流电流对人体的刺激作用是与电流的变化，特别是与电流的接通和断开联系在一起的。对于同样的刺激效应，直流电流为交流电流的 2～4 倍。

直流感知电流和感知阈值取决于接触面积、接触条件、电流持续时间和个体生理特征。

直流感知阈值约为2 mA。与交流不同的是，直流电流只在接通和断开时才会引起人的感觉，而感知阈值电流在通过人体不变时是不会引起感觉的。

与交流不同，对于300 mA以下直流电流，没有可确定的摆脱阈值，而仅在电流接通和断开时导致疼痛和肌肉收缩。大于300 mA以上的直流电流，将导致不能摆脱或数秒至数分钟以后才能摆脱。

直流室颤阈值也取决于电气参数和生理特征。动物试验资料和电气事故资料的分析指出，脚部为负极的向下电流的室颤阈值是脚部为正极的向上电流的2倍；而对于从左手到右手的电流途径，不大可能发生心室颤动。

当电流持续时间超过心脏周期时，直流室颤阈值为交流的数倍。电击持续时间小于200 ms时，直流室颤值大致与交流相同。显然，对于高压直流，其电击危险性并不低于交流的危险性。

当300 mA的直流电流通过人体时，人体四肢有暖热感觉。电流途径为从左手到右手的情况下，电流为300 mA及以下时，随持续时间的延长和电流的增长，可能产生可逆性心率不齐、电流伤痕、烧伤、晕眩乃至失去知觉等病理效应；而当电流为300 mA以上时，经常出现失去知觉的情况。

(2)100 Hz以上交流电流的作用。100 Hz以上频率的交流电流在飞机(400 Hz)、电动工具及电焊(可达450 Hz)、电疗(4～5 kHz)、开关方式供电(20 kHz～1 MHz)等方面被使用。由于它们对机体作用的实验资料不多，因此有关依据的确定比较困难。但是各种频率的危险性是可以估计的。

由于有皮肤电容存在，高频电流通过人体时，皮肤阻抗明显下降，甚至可以忽略不计。

为了评价高频电流的危险性，可引进一个频率因数来衡量。频率因数是指某频率与工频有相应生理效应时的电流阈值之比。某频率下的感知，摆脱、室颤频率因数是各不同的。

100 Hz以上电流的频率因数都大于1。当频率超过50 Hz时，频率因数由慢至快，逐渐增大。感知电流、摆脱电流与频率的关系可按图1-5确定。图中曲线1、2、3为感知电流曲线。曲线1是感知概率为0.5％的感知电流线；曲线2是感知概率为50％的感知电流线；曲线3是感知概率为99.5％的感知电流线；曲线4、5、6是摆脱概率分别为99.5％、50％和0.5％的摆脱电流线。

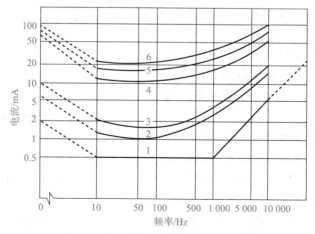

图1-5　感知电流、摆脱电流频率曲线

（3）冲击电流的作用。冲击电流是指作用时间不超过 0.1～10 ms 的电流。其包括方脉冲波电流、正弦脉冲波电流和电容放电脉冲波电流。

冲击电流对人体的作用有感知阈值、疼痛阈值和室颤阈值，没有摆脱阈值。

冲击电流影响心室颤动的主要因素是 It 和 I^2t 的值。在给定电流途径和心脏相位的条件下，相应于某一心室颤动概率的 It 的最小值和 I^2t 的最小值分别叫作比室颤电量和比室颤能量。其感知阈值用电量表示，即在给定的条件下，引起人的任何感觉电量的最小值。冲击电流不存在摆脱阈值，但有一个疼痛阈值。疼痛阈值是手握大电极加冲击电流不引起疼痛时，比电量 It 或比能量 I^2t 的最大值。这里所说的疼痛是人不愿意再次接受的痛苦。当冲击电流超过疼痛阈值时，会产生类似于蜜蜂刺痛或烟头灼痛式的痛苦。从比能量 I^2t 的观点考虑，在电流流经四肢、接触面积较大的条件下，疼痛阈值为 $50 \times 10^{-6} \sim 10 \times 10^{-6}$ A^2S。

室颤阈值取决于冲击电流波形、电流延续时间、电流大小、脉冲发生时的心脏相位、人体内电流途径和个体生理特征等因素。

5. 人体阻抗

人体阻抗是定量分析人体电流的重要参数之一，也是处理许多电气安全问题所必须考虑的基本因素。

人体导电与金属导电不同。一方面人体内含有大量的水，主要依靠离子导电，而不是依靠自由电子导电；另一方面由于机体组织细胞之间电子激发产生能量迁移，也表现出导电性，这种导电性类似半导体的导电作用。

对于电流来说，人体皮肤、血液、肌肉、细胞组织及其结合部等构成了含有电阻和电容的阻抗。其中，皮肤电阻在人体阻抗中占有很大的比例。

人体阻抗包括皮肤阻抗和体内阻抗。其等效电路如图 1-6 所示。图中 R_{P1} 和 R_{P2} 表示皮肤电阻，C_{P1} 和 C_{P2} 表示皮肤电容，R_{P1} 和 R_{P2} 的并联表示皮肤阻抗 Z_{P1}，R_i 与其并联的虚线支路表示体内阻抗 Z_i，皮肤阻抗与体内阻抗的总和称为人体总阻抗 Z_T。下面分别对 Z_P、Z_i、Z_T 进行简单介绍。

（1）皮肤阻抗 Z_P。皮肤由外层的表皮和表皮下面的真皮组成。表皮最外层的角质层，其电阻很大，在干燥和清洁的状态下，其电阻率可达 $1 \times 10^5 \sim 1 \times 10^6$ $\Omega \cdot m$。

皮肤阻抗是指表皮阻抗，即皮肤上电极与真皮之间的电阻抗，以皮肤电阻和皮肤电容并联来表示。皮肤电容是指皮肤上电极与真皮之间的电容。

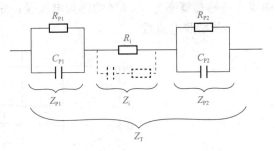

图 1-6　人体阻抗的等效电路

皮肤阻抗值与接触电压、电流幅值和持续时间、频率、皮肤潮湿程度、接触面积和施加压力等因素有关。当接触电压小于 50 V 时，皮肤阻抗随接触电压、温度、呼吸条件等因素影响有显著的变化，但其值还是比较高的；当接触电压在 50～100 V 时，皮肤阻抗明显下降，当皮肤击穿后，其阻抗可忽略不计。

（2）体内阻抗 Z_i。体内阻抗是除去表皮之后的人体阻抗。体内阻抗虽然也包括电容，但其电容很小（图中虚线支路上电容小而电阻大），可以忽略不计。因此，体内阻抗基本上可以视为纯电阻。体内阻抗主要取决于电流途径和接触面积。当接触面积过小，如仅数平方毫米时，体内阻抗将会增大。

体内阻抗与电流途径的关系如图 1-7 所示。图中数值是用与手—手内阻抗比值的百分数表示的。无括号的数值为单手至所示部位的数值；括号内的数值为双手至相应部位的数值。如电流途径为单手至双脚的内阻抗值与手到手内阻抗值的比值的百分数为 75%；电流途径为双手至双脚的内阻抗数值将降至图上所标明的 50%。这些数值可用来确定人体总阻抗的近似值。

（3）人体总阻抗 Z_T。人体总阻抗是包括皮肤阻抗与体内阻抗的全部阻抗。当接触电压大致在 50 V 以下时，由于皮肤阻抗受多种因素影响而显著变化，人体总阻抗随皮肤阻抗也有很大的变化；当接触电压较高时，人体总阻抗与皮肤阻抗之间关系越来越小，在皮肤击穿后，人体总阻抗接近于人体内阻抗值 Z_i。另外，由于存在皮肤电容，人体总阻抗 Z_T 受频率的影响，在直流时人体总阻抗数值较高，随着频率上升人体总阻抗数值下降。

通电瞬间的人体电阻叫作人体初始电阻。在这一瞬间，人体各部分电容尚未充电，相当于短路状态。因此，人体初始电阻近似等于体内阻抗。人体初始电阻主要取决于电流途径，其次才是接触面积。人体初始电阻的大小限制瞬间冲击电流的峰值。根据试验，在电流途径从左手到右手或从单手到单脚、大接触面积的条件下，相应于 5% 概率的人体初始电阻为 500 Ω。

表 1-4 列出了不同接触电压下的人体阻抗值，表中数据相应于干燥条件、较大的接触面积（50～100 cm²）、电流途径为左手到右手的情况。作为参考，试表数据也可用于儿童。

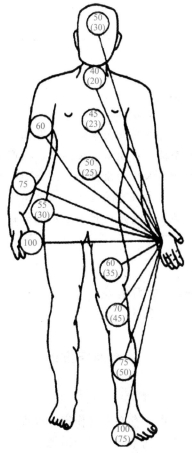

图 1-7　体内阻抗与电流
途径的关系图

表 1-4　人体总阻抗值 Z_T

接触电压/V	按下列分布（测定人数的百分比）统计时，Z_T 不超过以下数值/W		
	59%	50%	95%
25	1 750	3 250	6 100
50	1 375	2 500	4 600
75	1 125	2 000	3 600
100	990	1 725	3 125
125	900	1 550	2 675
225	775	1 225	1 900
700	575	775	1 050
1 000	575	775	1 050
渐近值	575	775	1 050

任务二 安全用电防护措施

任务描述

电气安全事故一旦发生，后果往往非常严重，避免事故的发生是解决事故的最好手段。在生活、生产中，我们应该如何进行规范的操作，从而避免产生电气事故，保护好人民的生命和财产安全，是本任务的学习重点。

本任务通过常用安全措施、高压安全措施、个人安全措施，以及安全用电技术措施多个角度进行安全用电防护。

学习要点

安全用电常识

一、安全用电常识

1. 常用安全措施

由于存在人身伤害、火灾及对设备和材料等损坏，所有运行的电工和电子电路都应该遵守下列基本的安全措施：

(1)电路和设备通电工作前，需切断电源。互锁安全设备绝对不能过载使用，绝不要认为电路是断电的；使用前用电压表检查设备是否断电。

(2)必须在电路断电后，才移除和替换保险丝。

(3)保证所有设备接地良好。

(4)当移除或安装酸性电池时，要有额外的安全措施。

(5)使用清洁液清洗设备时，要保证通风。

(6)要将清洁用的碎片和其他可燃物质放在金属密闭容器存放。

(7)当发生电气火灾时，应立即切断电源，并马上报告有关部门。

2. 高压安全措施

操作者对工作电器熟悉后，就会对日常工作程序粗心大意了。一些电气设备所用电压危险性较大，无意接触就会致人死命。无论什么时候，在高电压设备工作时，应该遵守下列安全措施：

(1)要考虑每一行为的后果。因为会伤害自己和他人的人身安全，绝不要以任何个人理由冒险一试。

(2)避免接触正在工作的电路。在接通高电压时，不要对电路进行操作或调整。

(3)不要单独工作，应在有其他人在场时工作，以免发生紧急事故时，没有人能提供帮助或急救。

(4)不要擅自改动互锁装置。

(5)不要使自己与地接触。当调整电路或使用测量仪器时，确保自己没有接地。连接设备和电路时，要单手操作。要练习将另外一只手放在衣服口袋里。

(6)有水渗漏时，绝不要将设备通电。

3. 个人安全措施

当对电子电路设备进行操作时，需确保安全。如果电源不安全，不要工作。

(1)保证工作环境干燥、清洁。避免在潮湿的环境下工作，因为人体皮肤的电阻值会下降，这会增加受电击的危险。

(2)不要穿宽松、有下摆的衣服。这样的衣服不仅容易粘在设备上，而且可能成为电的良导体。

(3)只穿绝缘鞋。这样将减小电击机会。

(4)摘掉所有戒指、手表、手镯、身份链和牌及类似金属饰物。避免穿戴配有裸露金属拉链、纽扣和其他金属扣件的衣物。因为金属是导体，通电发热后，容易引起严重的烧伤。

(5)不要裸手移动设备发热部件。

(6)用短路棒短路电容两个端子，放掉高电压。电容器能长时间保存电荷，但这经常被忽略。

(7)保证工作设备接地良好。将所有测试设备连接到受测电路或设备上并可靠接地。

(8)断电后再将夹子接入电路。手拿无绝缘层夹子会有受电击的危险。

(9)测量高于 300 V 电压时，不要握住测试端子。这样可消除测试端子漏电而受到电击的危险。

安全大事，人人有责。每个人无论课内课外都要重视安全问题，确保人身和设备安全。工作的每个班组都应该强调安全事项，经常进行安全培训。无论什么时候，对下一步做什么或应该怎么做若有疑问，最好是请教指导教师。

二、安全用电技术措施

1. 保护接地

保护接地是指将电气设备不带电的金属外壳与接地极之间做可靠的电气连接。它的作用是当电气设备的金属外壳带电时，如果人体触及此外壳，由于人体的电阻远大于接地体电阻，所有大部分电流经接地体流入大地，而流经人体的电流很小。这时只要适当控制接地电阻(一般不大于 4 Ω)，就可以减少触电事故发生。但是在 TT 供电系统中，这种保护方式的设备外壳电压对人体来说还是相当危险的。因此，这种保护方式只适用于 TT 供电系统的施工现场，按规定保护接地电阻不大于 4 Ω。

2. 保护接零

在电源中性点直接接地的低压电力系统中，将用电设备的金属外壳与供电系统中的零线或专用零线直接做电气连接，称为保护接零。它的作用是当电气设备的金属外壳带电时，短路电流经零线而成闭合电路，使其变成单相短路故障，因零线的阻抗很小，所以短路电流很大，一般大于额定电流的几倍甚至几十倍，这样大的单相短路将使保护装置拥有迅速而准确的动作，切断事故电源，保证人身安全。其供电系统为接零保护系统，即 TN 系统。按照保护零线是否与工作零线分开，可将 TN 供电系统划分为 TN-C、TN-S 和 TN-C-S 三种供电系统。

举例：TN-S供电系统是三相五线制(图1-8)。它是把工作零线N和专用保护线PE在供电电源处严格分开的供电系统，也称三相五线制。它的优点是专用保护线上无电流，专门承接故障电流，确保其保护装置动作。特别指出，PE线不允许断线。在供电末端应将PE线做重复接地。

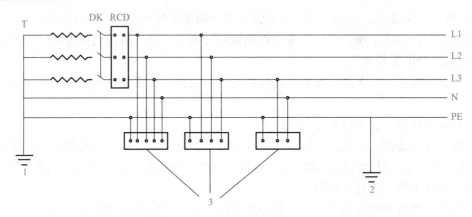

图1-8 TN-S接零保护系统图

1—工作接地；2—重复接地；3—用电设备金属外壳；L1~L3—相线；T—变压器；
N—工作零线；PE—保护零线；DK—总电源隔离开关；RCD—总漏电保护器

3. 设置漏电保护器

(1)施工现场的总配电箱和开关箱应至少设置两级漏电保护器，而且两级漏电保护器的额定漏电动作电流和额定漏电动作时间应作合理配合，使之具有分级保护的功能。

(2)开关箱中必须设置漏电保护器，施工现场所有用电设备，除作保护接零外，必须在设备负荷线的首端处安装漏电保护器。

(3)漏电保护器应装设在配电箱电源隔离开关的负荷侧和开关箱电源隔离开关的负荷侧。

(4)漏电保护器的选择应符合《剩余电流动作保护电器(RCD)的一般要求》(GB/T 6829—2017)的要求，开关箱内的漏电保护器的额定漏电动作电流应不大于30 mA，额定漏电动作时间应小于0.1 s。使用潮湿和有腐蚀介质场所的漏电保护器应采用防溅型产品。其额定漏电动作电流应不大于15 mA，额定漏电动作时间应小于0.1 s。

4. 电气设备相关要求

(1)电气设备的设置应符合以下要求：

1)配电系统应设置室内总配电屏和室外分配电箱，或者设置室外总配电箱和分配电箱，实行分级配电。

2)动力配电箱与照明配电箱宜分别设置，如果合置在同一配电箱内，动力和照明线路应分路设置，照明线路接线宜接在动力开关的上侧。

3)开关箱应由末级分配电箱配电。开关箱内应一机一闸，每台用电设备应有自己的开关箱，严禁用一个开关电器直接控制两台及两台以上的用电设备。

4)总配电箱应设置在靠近电源的地方，分配电箱应装设在用电设备或负荷相对集中的地区。分配电箱与开关箱的距离不得超过30 m，开关箱与其控制的固定式用电设备的水平距离不宜超过3 m。

5)配电箱、开关箱应装设在干燥、通风及常温场所。不得装设在有严重损伤作用的瓦斯、烟气、蒸汽、液体及其他有害介质中。也不得装设在易受外来固体物撞击、强烈振动、液体侵溅及热源烘烤的场所。配电箱、开关箱周围应有足够两人同时工作的空间，其周围不得堆放任何有碍操作、维修的物品。

6)配电箱、开关箱安装要端正、牢固，移动式的箱体应装设在坚固的支架上。固定式配电箱、开关箱的下皮与地面的垂直距离应为 1.3～1.5 m。移动式分配电箱、开关箱的下皮与地面的垂直距离为 0.6～1.5 m。配电箱、开关箱采用铁板或优质绝缘材料制作，铁板的厚度应大于 1.5 mm。

7)配电箱、开关箱中导线的进线口和出线口应设置在箱体下底面，严禁设置在箱体的上顶面、侧面、后面或箱门处。

(2)电气设备的安装应符合以下要求：

1)配电箱内的电器应首先安装在金属或非木质的绝缘电器安装板上，然后整体紧固在配电箱箱体内，金属板与配电箱体应作电气连接。

2)配电箱、开关箱内的各种电器应按规定的位置紧固在安装板上，不得歪斜和松动。并且电器设备之间、设备与板四周的距离应符合有关工艺标准的要求。

3)配电箱、开关箱内的工作零线应通过接线端子板连接，并应与保护零线接线端子板分设。

4)配电箱、开关箱内的连接线应采用绝缘导线，导线的型号及截面应严格执行临电图纸的标示截面。各种仪表之间的连接线应使用截面面积不小于 2.5 mm² 的绝缘铜芯导线。导线接头不得松动，不得有外露带电的部分。

5)各种箱体的金属构架、金属箱体、金属电器安装板及箱内电器正常不带电的金属底座、外壳等必须做保护接零，保护零线应经过接线端子板连接。

6)配电箱后面的排线需排列整齐，绑扎成束，并用卡钉固定在盘板上，盘后引出及引入的导线应留出适当余度，以便检修。

7)导线剥削处不应伤线芯过长，导线压头应牢固可靠，多股导线不应盘卷压接，应加装压线端子(有压线孔者除外)。如必须穿孔用顶丝压接时，多股线应涮锡后再压接，不得减少导线股数。

(3)电气设备的防护应符合以下要求：

1)在建工程不得在高、低压线路下方施工，不得搭设作业棚、建造生活设施，或堆放构件、架具、材料及其他杂物。

2)施工时，各种架具的外侧边缘与外电架空线路的边线之间必须保持安全操作距离。当外电线路的电压为 1 kV 以下时，其最小安全操作距离为 4 m；上下脚手架的斜道严禁搭设在有外电线路的一侧。旋转臂架式起重机的任何部位或被吊物边缘与 10 kV 以下的架空线路边线最小水平距离不得小于 2 m。

3)达不到最小安全距离时，施工现场必须采取保护措施，可以增设屏障、遮栏、围栏或保护网，并要悬挂醒目的警告标志牌。在架设防护设施时应有电气工程技术人员或专职安全人员负责监护。

4)对于既不能达到最小安全距离，又无法搭设防护措施的施工现场，施工单位必须与有关部门协商，采取停电、迁移外电线或改变工程位置等措施，否则不得施工。

（4）电气设备的操作与维修人员必须符合以下要求：

1）施工现场内临时用电的施工和维修必须由经过培训后取得上岗证书的专业电工完成，电工的等级应同工程的难易程度和技术复杂性相适应，初级电工不允许进行中、高级电工的作业。

2）各类用电人员应做到：掌握安全用电基本知识和所用设备的性能；使用设备前必须按规定穿戴和配备好相应的劳动防护用品，并检查电气装置和保护设施是否完好，严禁设备带"病"运转；停用的设备必须拉闸断电，锁好开关箱；负责保护所用设备的负荷线、保护零线和开关箱，发现问题，及时报告解决；搬迁或移动用电设备，必须经电工切断电源并作妥善处理后进行。

▰ 项目实施

触电急救

人体触电昏迷后，若能正确、及时、快速救护，则多数触电者可以生还和减轻触电伤害的程度。

一、使触电者迅速脱离电源

（1）首先要拉下电闸或拔出电插头。如果一时找不到电闸或插头就用干燥的木棒或木板将电线拨离触电者，拨离时要注意尽量不要挑线，以免电线回弹伤及他人。

（2）当电线被触电者抓在手里或压在身下时可以将干木板塞在触电者身下，与地隔离，或者用绝缘斧将电线砍断，不清楚方向时将线的两端都砍断，砍断后要注意线头的处理，以免重复伤人。手头如果没有这些工具要判断触电者的衣服是否是干燥的，如果干燥且没有紧缠在身上，救护人员可以用一只手抓住触电者的衣服，将其拉脱电源。救护人员也可用几层干燥的衣服将手裹住，或者站在干燥的木板、木桌椅或绝缘橡胶垫等绝缘物上，用一只手拉触电者的衣服，使其脱离电源。千万不要赤手直接去拉触电人，以防造成群伤触电事故。

二、对症救护处理

（1）触电者伤势不重，神志清醒，未失去知觉，但内心惊慌，四肢麻木，全身无力，或触电者在触电过程中曾一度昏迷，但已清醒过来，则应保持空气流通和注意保暖，使触电者安静休息，不要走动，严密观察，并请医生进行诊治，或送往医院。

（2）若触电者伤势严重，已失去知觉，但心脏跳动和呼吸还存在，对于此种情况，应使触电者安静地平卧；周围不围人，使空气流通；解开他的衣服以利于呼吸，如果天气寒冷，要注意保温，并迅速请医生诊治或送往医院。若触电者呼吸困难，面色发白，发生痉挛，应立即请医生作进一步抢救。

（3）若触电者伤势严重，呼吸停止或心脏停止跳动，或二者都已停止，仍不可以认为触电者已经死亡，应立即施行人工呼吸或胸外心脏挤压，并迅速请医生诊治或送医院。但应注意，急救要尽快地进行，不能只等医生的到来且在送往医院的途中，也不能中止急救。

人工呼吸法是触电者停止呼吸后应用的急救方法。各种人工呼吸法中以口对口人工呼吸法效果最好，而且简单易学，容易掌握。施行人工呼吸前，应迅速将触电者身上妨碍呼吸的衣领、上衣、裤带解开，使胸部能自由扩张，并迅速取出触电者口腔内妨碍呼吸的食物，脱落的假牙、血块、粘液等，以免堵塞呼吸道。

做口对口人工呼吸时，应使触电者仰卧，并使头部后仰，使鼻孔朝上，如果舌根下陷，应把它拉出来，以利于呼吸道畅通。

具体操作注意事项如下：根据触电者的情况选择打开气道的方法，触电者取仰卧位，抢救者一只手放在患者前额，并用拇指和食指捏住患者的鼻孔，另一只手握住颈部使头尽量后仰，保持气道开放状态，然后深吸一口气，张开口以封闭患者的嘴周围（婴幼儿可连同鼻一块包住），向患者口内连续吹气2次，每次吹气时间为1～1.5秒，吹气量为1 000毫升左右，直到胸廓抬起，停止吹气，松开贴紧患者的嘴，并放松捏住鼻孔的手，将脸转向一旁，用耳听是否有气流呼出，再深吸一口新鲜空气为第二次吹气做准备，当患者呼气完毕，即开始下一次同样的吹气。如果患者仍未恢复自主呼吸，则要进行持续吹气，成人吹气频率为12次/分钟，儿童15次/分钟，婴儿20次/分，但是要注意，吹气时吹气容量相对于吹气频率更为重要，开始的两次吹气，每次要持续1～2秒，让气体完全排出后再重新吹气，一分钟内检查颈动脉搏动及瞳孔、皮肤颜色，直至患者恢复苏醒。

三、外伤的处理

若触电者受外伤，可先用无菌生理盐水和温开水清洗伤口，再用布绷带或布类包扎，然后送往医院处理。如果伤口出血，则应设法止血。通常的方法是将出血肢体高高举起或用干净纱布扎紧止血等，同时及时请医生处理。

项 目 小 结

1. 当电流流过人体，人体直接接受局外电能时，人将受到不同程度的伤害，这种伤害叫作电击。

2. 当电流转换成其他形式的能量（如热能等）作用于人体时，人也将受到不同形式的伤害，这类伤害统称电伤。

3. 按照发生电击时电气设备的状态，电击可分为直接接触电击和间接接触电击。

4. 按照人体触及带电体的方式，可分为单相电击、两相电击、跨步电压电击。

5. 电伤包括电烧伤、电烙印、皮肤金属化、机械损伤、电光眼等多种伤害。

6. 对于工频交流电，按照不同电流强度通过人体时的生理反应，可将作用于人体的电流分成：感知电流、摆脱电流、室颤电流。

7. 人体阻抗包括皮肤阻抗和体内阻抗。

8. 保护接地是指将电气设备不带电的金属外壳与接地极之间做可靠的电气连接。

9. 在电源中性点直接接地的低压电力系统中，将用电设备的金属外壳与供电系统中的零线或专用零线直接做电气连接，称为保护接零。

10. 安全电压是指不戴任何防护设备，接触时对人体各部位不造成任何损害的电压。

知识拓展

电气事故案例分析

事故经过：

毕业于浙江大学的小冯报考了复旦大学硕士研究生。2004年2月他从温州来到上海做考前准备，借住在大学同学小魏和小高租的房屋内。此房屋中的贮水式电热水器是小魏从别处移机而来，安装在承租房的卫生间内。在使用房屋的过程中，因为电表箱跳闸，两人用铜丝替代了保险丝。小冯入住此房屋数日后，在使用电热水器沐浴时不幸触电身亡。

原因分析：

1. 因电热水器使用的电源插座出现过热，使电热水器电源线插头内异常升温，导致L极与接地线导通，使电热水器外壳带电，造成沐浴者触电身亡。

2. 使用不符合国家有关标准的劣质电源插座是造成电热水器带电的直接原因。

3. 用铜丝替代铅材质的保险丝，使得保险丝未能起到应有的保险作用，不符合国家相关用电平安标准，与人体触电事故发生有因果关系。

防范措施：

1. 当熔断器的熔体熔断后，应按原规格更换，不能使用其他的规格或铜丝代替。

2. 一定要使用质量合格的电工产品，不要贪图廉价购置不合格的产品。

 课后习题

一、单选题

1. 接地是指电力系统或电气设备的某一部分与（　　）进行良好的电气连接。

A. 大地　　　　　　　B. 零线　　　　　　　C. 相线

2. 接零指三相四线制系统中在正常情况下不带电的金属外壳与（　　）进行良好的电气连接。

A. 大地　　　　　　　B. 零线　　　　　　　C. 相线

3. 绝缘靴主要用来防止（　　）电压。

A. 跨步　　　　　　　B. 两相　　　　　　　C. 线

4. 绝缘垫不能与酸碱和（　　）、化工药品接触。

A. 盐类　　　　　　　B. 油类　　　　　　　C. 其他类

5. 使用测电笔时禁止超范围使用，电工选用的低压电笔只允许在（　　）V以下电压使用。

A. 500　　　　　　　　B. 380　　　　　　　　C. 1 000

二、判断题

1. 线路检修完毕后，清理现场，通知相关部门并检查无误后，方可恢复对设备送电。（　　）

2. 接地线与检修部分之间不得连有断路器或熔断装置。（　　）

3. 高压验电时，必须戴好绝缘手套。（　　）

4. 在同一个插座上不可接过多或功率过大的用电器。（　　）

5. 在任何环境下，36 V 都是安全电压。（　　）

6. 不掌握电气知识和技术的人员，也可以安装和拆卸电气设备及线路。（　　）

7. 低压带电工作应设专人监护，使用完好绝缘柄的工具。（　　）

电工证初级考试真题

一、判断题

1. 在运行中的高压设备工作，分为全部停电的工作，部分停电的工作和不停电工作三类。（　　）

2. 高压设备发生接地时，为了防止跨步电压触电室外不得接近故障点8米以内。（　　）

3. 安全带的试验周期是半年一次。（　　）

4. 带电作业的绝缘工具的电气试验周期是3个月。（　　）

5. 当直流系统发生接地故障时，对整个二次回路上的工作应立即禁止。（　　）

6. 隔离开关的绝缘子应清洁、无放电现象、无裂纹、无破伤。（　　）

7. 熔断器的文字符号为FU。（　　）

8. 绝缘材料在电场作用下，尚未发生绝缘结构的击穿时，其表面或与电极接触的空气中发生的放电现象，称为绝缘闪络。（　　）

9. 保护接零适用于中性点直接接地的配电系统中。（　　）

10. 在安全色标中用红色表示禁止、停止或消防。（　　）

11. 触电分为电击和电伤。（　　）

12. 电力线路敷设时严禁采用突然剪断导线的办法松线。（　　）

13. 绝缘材料就是指绝对不导电的材料。（　　）

14. Ⅲ类电动工具的工作电压不超过50V。（　　）

15. 电工刀的手柄是无绝缘保护的，不能在带电导线或器材上剖切，以免触电。（　　）

16. 接了漏电开关之后，设备外壳就不需要再接地或接零了。（　　）

17. 按照通过人体电流的大小，人体反应状态的不同，可将电流划分为感知电流、摆脱电流和室颤电流。（　　）

二、选择题

1. 以下哪种电源不能作为安全电压的电源？（　　）

　　A. 安全隔离变压器　B. 蓄电池　　　　C. 自耦变压器

2. 在拉隔离开关时，应缓慢而谨慎，特别是当刀片刚离开静触头时若发生电弧，应立即（　　）。

　　A. 拉下隔离开关　　B. 合上隔离开关　　C. 保持不动　　　　D. 立即跳开断路器

3. 能在中性点不接地系统中使用的变压器是（　　）。

　　A. 半绝缘变压器　　B. 分级绝缘变压器　C. 全绝缘变压器　　D. 配电变电器

4. 当中性点不接地系统某一线路发生单相接地时，（　　）。

　　A. 仍可在一定时间内继续运行

　　B. 仍可长期继续运行

C. 继电保护装置将延时数秒之后,将故障线路切除

D. 继电保护将迅速动作以切除故障线路

5. 为保证电力系统的安全运行,常将系统的(　　)接地,这叫作工作接地。

A. 中性点　　　　　B. 零点　　　　　C. 设备外壳　　　　　D. 防雷设备

6. "禁止攀登,高压危险!"的标志牌应制作为(　　)。

A. 红底白字　　　　B. 白底红字　　　　C. 白底红边黑字

7. 电流对人体的热效应造成的伤害是(　　)。

A. 电烧伤　　　　　B. 电烙印　　　　　C. 皮肤金属化

真题答案

项目二　指针式万用表的制作

项目描述

　　指针式万用表是一种多功能、多量程的便携式电工仪表。MF47 型万用表是指针式万用表的典型代表，它具有 26 个基本量程，是一种量限多、分挡细、灵敏度高、体型轻巧、读数清楚、使用方便的高性能电工仪表。根据指针式万用表的基本工作原理，利用直流电路的特点，设计指针式万用表的电路图，根据电路图的设计制作指针式万用表，并对制作好的万用表进行调试。

项目分解

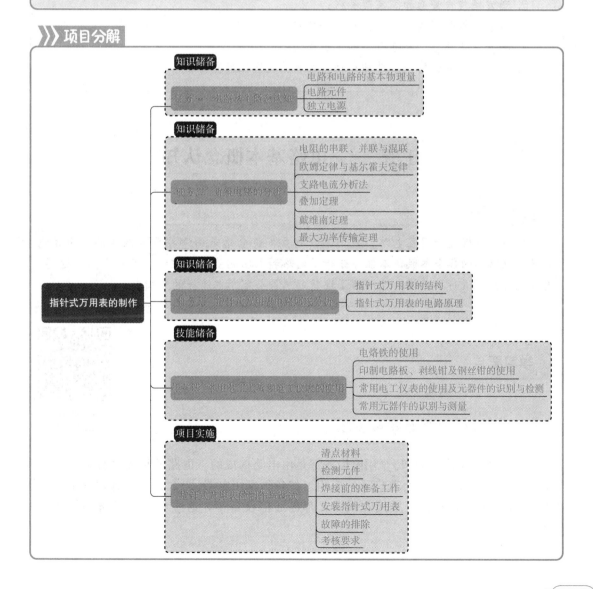

知识储备	
任务一　电路基本概念与定律	电路和电路的基本物理量
	电路元件
	独立电源

知识储备	
任务二　直流电路的分析	电阻的串联、并联与混联
	欧姆定律与基尔霍夫定律
	支路电流分析法
	叠加定理
	戴维南定理
	最大功率传输定理

指针式万用表的制作

知识储备	
任务三　指针式万用表电路原理分析	指针式万用表的结构
	指针式万用表的电路原理

技能储备	
任务四　常用电工工具和电工仪表的使用	电烙铁的使用
	印制电路板、剥线钳及钢丝钳的使用
	常用电工仪表的使用及元器件的识别与检测
	常用元器件的识别与测量

项目实施	
指针式万用表的制作与调试	清点材料
	检测元件
	焊接前的准备工作
	安装指针式万用表
	故障的排除
	考核要求

知识目标

1. 了解电路的基本概念；
2. 掌握基尔霍夫定律的内容；
3. 掌握直流电路的分析方法。

技能目标

1. 会正确使用万用表；
2. 能识读指针式万用表原理图；
3. 能正确测试电阻、电容、二极管；
4. 能熟练焊接电路。

素质目标

1. 培养探索未知、追求真理、勇攀高峰的责任感和使命感；
2. 激发民族自豪感和国家荣誉感；
3. 拥有科技强国的家国情怀和使命担当；
4. 培养理实结合、知性合一的思想理念；
5. 培养勇于探索的创新精神和精益求精的大国工匠精神。

任务一　电路基本概念认知

任务描述

　　要想设计焊接万用表电路，我们不仅需要知道电路是由哪些要素组成的，而且还要了解电路中的各个参数。本任务分析了电路和电路的基本物理量，并对电阻、电感、电容元件分别进行了介绍，还讲解了理想电压源与理想电流源的应用。

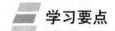 学习要点

电路的
基本概念

一、电路和电路的基本物理量

　　我们的生活离不开电，每个用电设备都是由电路构成的。电路的种类多种多样，在日常生活及生产、科研中都有着广泛的应用。如各种家用电器(图 2-1)、传输电能的高压输电线路、自动控制线路、卫星接收设备、邮电通信设备等，这些电器及设备都是实际的电路。

图 2-1　家用电器

(一)电路

电路是由若干电气设备或元器件按一定方式用导线连接而成的电流通路。通常由电源、负载及中间环节三部分组成。

图 2-2 所示为手电筒的电路，由电池、开关、灯泡及导线组成。电池是电路的电源，电源是提供电能的装置，它将其他形式的能量转换为电能，常见的电源有发电机、干电池、蓄电池等；灯泡是负载，负载是消耗电能的装置，通常也称为用电器，它将电能转换成其他形式的能量，如热能、光能、机械能等，常见的用电器有电炉、电视机、电动机等；开关、导线是电路的中间环节，是电路传输、分配、控制电能的部分。

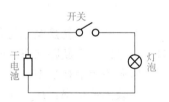

图 2-2　电筒的电路

实际电路的形式多种多样，但就其功能而言，可分为电力电路和电子电路两大类。电力电路主要是实现电能的传输和转换，例如，电厂的发电机生产电能，通过变压器、输电线等送到用户，并通过负载将电能转换成其他形式的能量，如灯光照明、电动机动力用电等，这就组成了一个十分复杂的供电系统。对这类电路的主要要求是传送的电功率要足够大、效率要高。电子电路主要是实现信号的传递和处理，例如，各种测量仪器、计算机、自动控制设备及日常生活中的收音机、电视机等，这类电路中的电压较低、电流较小，对它们的主要要求是电信号不失真、抗干扰能力强。

电路在工作时有三种工作状态，分别是通路、短路、断路。

1. 通路

通路(有载工作状态)如图 2-3 所示。当开关 S 闭合，使电源与负载接成闭合回路，电路便处于通路状态。在实际电路中，负载都是并联的，用 R_L 代表等效负载电阻。该电路中的用电器是由用户控制的，而且是经常变动的。当并联的用电器增多时，等效电阻 R_L 就会减小，而电源电动势 E 通常为一恒定值，且内阻 R_0 很小，电源端电压 U 变化很小，则电源输出的电流和功率将随之增大，这时称为电路的负载增大；当并联的用电器减少时，等效负载电阻 R_L 增大，电源输出的电流和功率将随之减小，这种情况称为负载减小。

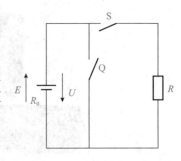

图 2-3　电路状态示意

　　可见，所谓负载增大或负载减小，是指增大或减小负载电流，而不是增大或减小电阻值。电路中的负载是变动的，所以，电源端电压的大、小也随之改变。根据负载大小，电路在通路时又可分为三种工作状态：当电气设备的电流等于额定电流时，称为满载工作状态；当电气设备的电流小于额定电流时，称为轻载工作状态；当电气设备的电流大于额定电流时，称为过载工作状态。

　　2. 短路

　　所谓短路，就是电源未经负载而直接由导线接通成闭合回路，如图 2-3 所示，开关 Q 闭合。短路的特征是 $R=0$，$U=0$，$I_S=\dfrac{E}{R_0}$（短路电流），$P_L=0$。

　　电源内阻消耗功率：$P_E=I_S^2R_0$。

　　因为电源内阻 R_0 一般都很小，所以短路电流 I_S 总是很大。如果电源短路事故未迅速排除，很大的短路电流将会烧毁电源、导线及电气设备，所以，电源短路是一种严重事故。为了防止发生短路事故，以免损坏电源，常在电路中串接熔断器。熔断器中装有熔丝。熔丝是由低熔点的铅锡合金丝或铅锡合金片做成的。一旦短路，串联在电路中的熔丝将因发热而熔断，从而保护电源免于烧坏。

　　3. 断路

　　所谓断路，就是电源与负载没有构成闭合回路。在图 2-3 所示的电路中，当 S、Q 断开时，电路即处于断路状态。断路状态的特征是 $R=\infty$，$I=0$。

　　电源内阻消耗功率：$P_E=0$。

　　负载消耗功率：$P_L=0$。

　　路端电压：$U_0=E$。

　　此种情况，也称为电源的空载 $R=\infty$，$I=0$。

小问答

　　1. 电路由_____、_____、_____三部分组成。

　　2. 电路的三种状态是_____、_____、_____。

　　3. 为了防止发生短路事故，常在电路中串接_____。

　　4. 断路状态的特征是_____。

　　5. 短路的特征是_____。

(二)理想元件与电路模型

实际使用的电路都是由一些电工设备(如各种电源、电动机)和电阻器、电容器、线圈，以及晶体管等电子元器件组成的，人们使用这些电工设备和电子元件的目的是为了利用它们的某种电磁性质。例如，使用电阻器是利用它对电流呈现阻力的性质，与此同时，电阻器将电能转换成热能损耗掉了，这种性质称为电阻性。除此之外，电流通过电阻器还会产生磁场，具有电感性；产生电场，具有电容性。当电流流过其他电工设备和电子元件时，所发生的电磁现象与此大体相同，都是十分复杂的。如果把所有这些电磁特性全都考虑进去，会使电路的分析与计算变得非常繁琐，甚至难于进行。但是实际电工设备和电子元件所表现出的多种电磁特性在强弱程度上是十分不同的。如电阻器、白炽灯、电炉等，它们的电磁性能主要是电阻性，其电感性和电容性则十分微弱，在一定频率范围内可以忽略。而电容器的主要电磁性能是建立电场，储存电能，突出表现为电容性。线圈的主要电磁特性是建立磁场，储存磁场能，突出表现为电感性。为此可以在一定条件下，忽略实际电工设备和电子元件的一些次要性质，只保留它的一个主要性质，并用一个足以反应该主要性质的模型来表示，这种模型就称为理想元件。每种理想元件只具有一种电磁性质，如理想化电阻元件只具有电阻性，理想化电感元件只具有电感性，理想化电容元件只有电容性。几种常用的理想化电路元件的图形符号和文字符号如图 2-4 所示。

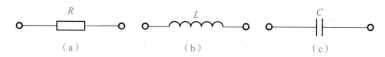

图 2-4　理想化电路元件的图形符号和文字符号

　　理想化电路元件通常简称为电路元件。一些电工设备或电子元器件只需用一种电路元件模型来表示，而某些电工设备或电子元器件则需用几种电路元件模型的组合来表示。如干电池这样的直流电源既有一定的电动势，又有一定的内阻，可以用电压源与电阻元件的串联组合来表示。

　　用电阻、电感、电容等理想化电路元件近似模拟实际电路中的每个电工设备或电子元件，再根据这些器件的连接方式，用理想导线连接起来，这种由理想化电路元件构成的电路就是实际电路的电路模型。如图 2-5 所示为手电筒电路的电路模型图。这里电压源 U_S 和电阻元件 R_0 的串联组合表示电池，电阻 R_L 表示灯泡，导线电阻忽略不计。此后本书中未作特殊说明时，我们所研究的电路均为电路模型。

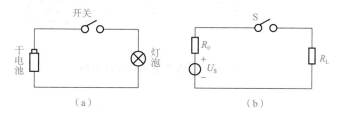

图 2-5　手电筒电路的电路模型图
(a)手电筒实际电路；(b)手电筒电路模型

(三)电路的基本物理量

　　电流和电压是表示电路状态及对电路进行定量分析的基本物理量。本节主要介绍电流和电压的基本概念、参考方向及电位、电功率的概念。

1. 电流

带电粒子有规则的定向运动形成电流。电流的大小用电流强度（简称电流）来表示。电流强度在数值上等于单位时间内通过导体某一横截面的电荷量，用符号 i 表示，则

$$i = \frac{\mathrm{d}q}{\mathrm{d}t} \qquad (2\text{-}1)$$

式中，$\mathrm{d}q$ 为时间 $\mathrm{d}t$ 内通过导体某一横截面的电荷量。

大小和方向都不随时间变化的电流称为恒定电流，简称直流电流，采用大写字母 I 表示，则

$$I = \frac{Q}{T} \qquad (2\text{-}2)$$

式中，Q 为时间 T 内通过导体某一横截面的电荷量。

在国际单位制中，电流的单位是安培（简称安），用符号 A 来表示。当电流很小时，常用单位为毫安（mA）或微安（μA）；当电流很大时，常用单位为千安（kA）。它们之间的换算关系为 $1\ \mathrm{A} = 10^3\ \mathrm{mA}$，$1\ \mathrm{A} = 10^6\ \mathrm{μA}$，$1\ \mathrm{kA} = 10^3\ \mathrm{A}$。

电流不但有大小，而且有方向，正电荷的运动方向规定为电流的实际方向。在简单电路中，电流的实际方向很容易确定。例如，在图 2-6 所示的电路中，电流的实际方向由电源的正极流出，经过电阻流向电源负极。但是在复杂电路中一段电路中电流的实际方向很难预先确定；另外，交流电路中电流的

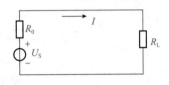

图 2-6　电流的方向

方向还在不断地随时间的变化而改变，很难标出其实际方向。为了分析与计算电路的需要，引入了电流参考方向的概念。参考方向又称为假定正方向，简称正方向，参考方向一旦设定，在电路分析计算过程中就不能再改动。

在一段电路中，任意选择一个方向作为电流的方向，这个方向就是电流的参考方向，又称为电流的正方向。电流参考方向一般用实线箭头表示，既可以画在线上，也可以画在线外。当所选定的参考方向与实际方向相同时，电流为正值；当所选定的参考方向与实际方向相反时，电流为负值，如图 2-7 所示。这样，电流的数值有正有负，它是一个代数量，其正负可以反映电流的实际方向与参考方向的关系。

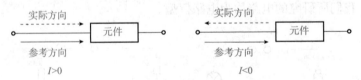

图 2-7　电流的参考方向与实际方向

2. 电压

电压是衡量电场力推动正电荷运动，对电荷做功能力的物理量。电路中 a、b 两点之间的电压在数值上等于电场力将单位正电荷从 a 点移到 b 点所做的功。若电场力移动的电荷量是 $\mathrm{d}q$，所做的功是 $\mathrm{d}W$，则 a、b 两点之间的电压为

$$u_{\mathrm{ab}} = \frac{\mathrm{d}W}{\mathrm{d}q} \qquad (2\text{-}3)$$

大小和方向都不随时间变化的电压称为恒定电压，简称直流电压，采用大写字母 U 表示，则 a、b 两点之间的直流电压为

$$U_{ab} = \frac{W}{Q} \qquad\qquad (2\text{-}4)$$

在国际单位制中，电压的单位是伏特（V），常用的单位是千伏（kV）、毫伏（mV）、微伏（μV）。它们之间的换算关系为 $1\ \text{kV} = 10^3$，$1\ \text{V} = 10^3\ \text{mV}$，$1\ \text{V} = 10^6\ \mu\text{V}$。

电压的方向有三种表示方法，如图 2-8 所示。图 2-8（a）用箭头的指向表示，箭头由高电位端指向低电位端；图 2-8（b）则用"＋""－"标号分别表示高电位端和低电位端；图 2-8（c）用双下标来表示，如 U_{ab} 表示 a、b 两点间的电压的方向是从 a 指向 b 的。以上三种表示方法其意义是相同的，只需任选一种标出即可。

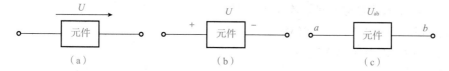

图 2-8　电压的方向三种表示方法

电压的实际方向从高电位点指向低电位点。但在分析、计算电路时，往往难于预先知道一段电路两端电压的实际方向，因此，电压也要选取参考方向。当电压的参考方向与实际方向相同时，电压为正值；当电压的参考方向与实际方向相反时，电压为负值。这样，电压的值有正有负，它也是一个代数量，其正负表示电压的实际方向与参考方向的关系。

在电路分析中，对一个元件，我们既要对电流选取参考方向，又要对元件两端的电压选取参考方向，二者相互独立，可以任意选取。但为了方便分析，常常选同一元件的电流参考方向和电压参考方向一致，即电流由电压的"＋"极性端流向"－"极性端，像这种电流参考方向和电压参考方向相一致，我们称为关联参考方向，如图 2-9（a）所示；如果电流参考方向和电压参考方向不一致，则称为非关联参考方向，如图 2-9（b）所示。

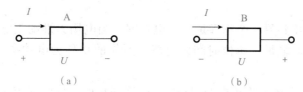

图 2-9　电压参考方向

(a)关联参考方向 (b)非关联参考方向

3. 电位

在电气设备的调试和检修中，常要测量各点的电位，在分析电子电路时，通常要用电位的概念来讨论问题。

在电路中任选一点 O 作为参考点，则该电路中 A 点到参考电 O 的电压就叫作 A 点的电位，也就是电场力把单位正电荷从 A 点移到参考点 O 点所做的功。

电位的计算

电位的符号用字母 V 加单下标的方法来表示，如 V_A、V_B 分别表示 A 点和 B 点的电位。显然，电路中任意两点之间的电位差就是该两点之间的电压，即 $U_{AB} = V_A - V_B$。电位单位与电压相同，也是伏特。

电位是有相对性的。因此，计算电路中各点电位时，必须先选定电路中某一点作为电位参考点．它的电位称为参考电位，并设参考电位为零。其他各点的电位，比参考点电位高的电位为正，比参考点电位低的为负。参考点在电路中通常用接地符号"⊥"表示。在工程上，有些机器的机壳接地，就把机壳作为电位参考点。

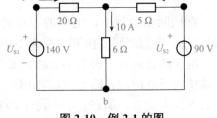

图 2-10 例 2-1 的图

【例 2-1】 在图 2-10 中，若分别以 a 点、b 点为参考点，求 a、b、c、d 各点电位和任意两点之间的电压。

解：（1）以 a 点为参考点时，有 $V_a = 0$ V，

则 $V_b = U_{ba} = -10 \times 6 = -60$ (V)

$V_c = U_{ca} = 4 \times 20 = 80$ (V)

$V_d = U_{da} = 5 \times 6 = 30$ (V)

（2）以 b 点为参考点时，有 $V_b = 0$ V，

则 $V_a = U_{ab} = 10 \times 6 = 60$ (V)

$V_c = U_{cb} = U_{S1} = 140$ V

$V_d = U_{db} = U_{S2} = 90$ V

（3）两点间的电压则为

$U_{ab} = 10 \times 6 = 60$ (V)，$U_{ca} = 4 \times 20 = 80$ (V)，

$U_{da} = 5 \times 6 = 30$ (V)，$U_{cb} = U_{S1} = 140$ V，

$U_{db} = U_{S2} = 90$ V

由以上讨论结果可知，电路中各点电位值的大小是相对的，随参考点的改变而改变；而两点间的电压值与参考电的选取无关，是绝对的。

4. 电功率

在电路分析中常用到另一个物理量——电功率。当电场力推动正电荷在电路中运动时，电场力做功，电路吸收能量。单位时间内电场力所作的功称为电功率，简称功率，用符号 P 表示。

设在 dt 时间内，电场力将正电荷 dq 由 a 点移到 b 点，且由 a 点到 b 点的电压降为 u，则在移动过程中电场力所作的功为

$$dW = udq = ui\,dt \qquad (2\text{-}5)$$

因此，单位时间内电场力所作的功，即电功率为

$$p = \frac{dW}{dt} = ui \qquad (2\text{-}6)$$

式(2-6)表示在电压和电流关联参考方向下，电路吸收的功率。若计算出 $p > 0$，则表示电路实际为吸收功率；若计算出 $p < 0$，则表示电路实际为发出功率。

通常，在电压和电流非关联参考方向下，电路吸收的功率为

$$p = -ui \qquad (2\text{-}7)$$

这样规定后，若 $p > 0$，表示电路吸收功率；$p < 0$，表示电路发出功率。

在国际单位制中，功率的单位是瓦特，简称瓦(W)，工程上常用的功率单位还有兆瓦(MW)、千瓦(KW)和毫瓦(mV)等，它们的换算关系为 1 MW = 10^6 W，1 KW = 10^3 W，1 W = 10^3 mW。

当已知设备的功率为 p 时，则在时间 t 秒内消耗的电能为

$$W = pt \qquad (2\text{-}8)$$

电能等于电场力所作的功，当功率 p 的单位是瓦时，能量的单位是焦耳(J)，它等于功率是 1 W 的用电设备在 1 s 内消耗的电能。工程上或生活中还常用千瓦小时(kW·h)作为电能的单位，1 kW·h 又称为 1 度电。

$$1 \text{ kW·h} = 10^3 \text{ W} \times 3\ 600 \text{ s} = 3.6 \times 10^6 \text{ J} \qquad (2\text{-}9)$$

【例 2-2】 如图 2-11 所示的电路中，已知元件 A 的 $U = -5$ V，$I = 2$ A；元件 B 的 $U = 3$ V，$I = -5$ A，求元件 A、B 吸收的功率。

解：元件 A，电压、电流为关联参考方向，故吸收的功率为

$$P_A = UI = -5 \times 2 = -10(\text{W})$$

$P_A < 0$，表明元件 A 实际为发出功率。

元件 B，电压、电流为非关联参考方向，故吸收的功率为

$$P_B = UI = -3 \times (-5) = 15(\text{W})$$

$P_B > 0$，表明元件 B 实际为吸收功率。

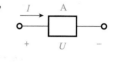
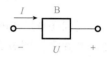

图 2-11 例 2-2 的图

小问答

1. 理想元件是指_____。
2. 参考方向是指_____。
3. 关联参考方向是指_____。
4. 非关联参考方向是指_____。
5. 电位与电压之间的关系是_____。

二、电路元件

电路元件是组成电路模型的最小单元，电路元件本身就是一个最简单的电路模型。在电路中，电路元件的特性是由其电压、电流关系来表征的，通常称为伏安特性。

1. 电阻元件

电阻元件是最常见的电路元件之一，是从实际电阻器抽象出来的理想化电路元件。实际电阻器由电阻材料制成，如线绕电阻、碳膜电阻、金属膜电阻等。电阻元件简称电阻，它是一种对电流呈现阻碍作用的耗能元件。

电阻元件按其伏安特性曲线是否为通过原点的直线，可分为线性电阻元件和非线性电阻元件；按其特性曲线是否随时间变化，又可分为时变电阻元件和非时变电阻元件。

通常所说的电阻元件，习惯上指的是线性非时变电阻元件，又简称电阻，用符号 R 表示。其图形符号如图 2-12 所示。

由欧姆定律可知，电阻元件两端的电压与流过它的电流成正比，在电压与电流关联参考方向下可写成：

$$u = Ri \qquad (2\text{-}10)$$

如果取电流为横坐标，电压为纵坐标，可绘制出 $u-i$ 平面上的一条曲线，称为电阻的

伏安特性曲线，如图 2-13 所示。其伏安特性曲线的斜率即电阻的阻值。电阻的单位是欧姆（Ω），常用的单位还有千欧（kΩ）和兆欧（MΩ），它们之间的换算关系为 1 kΩ＝10^3 Ω，1 MΩ＝10^6 Ω。

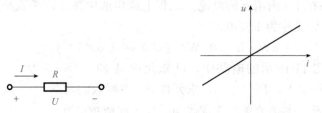

图 2-12　电阻的图形符号　　　图 2-13　线性非时变电阻的伏安特性曲线

式（2-10）是在电压、电流取关联参考方向时的欧姆定律形式，如果电压和电流为非关联参考方向，则应改为

$$u = -Ri \tag{2-11}$$

电阻的倒数叫作电导，用符号 G 来表示，即

$$G = \frac{1}{R} \tag{2-12}$$

当电压 u 的单位为伏特（V），电流 i 的单位为安培（A）时，电阻的单位是欧姆（Ω），电导的单位是西门子，简称西（S）。用电导来表示电压和电流之间的关系时，欧姆定律写为

$$i = Gu（u、i \text{ 为关联参考方向}）$$
$$i = -Gu（u、i \text{ 为非关联参考方向}）$$

电阻是耗能元件，在电压与电流关联参考方向下，任何时刻元件吸收的功率为

$$p = ui = Ri^2 = \frac{u^2}{R} = Gu^2 \tag{2-13}$$

【例 2-3】　额定功率是 40 W，额定电压为 220 V 的灯泡，其额定电流和电阻值是多少？

解：由 $p = ui = \dfrac{u^2}{R}$ 得：

$$i = \frac{p}{u} = \frac{40}{220} = 0.18 （\text{A}）$$

$$R = \frac{u^2}{p} = \frac{220^2}{40} = 1\,210 （\Omega）$$

2. 电容元件

电容元件简称电容，是实际电容器的理想化模型。电容器由两个导体中间隔以介质组成；这两个导体就是电容器的两个极板，极间有绝缘介质隔开。在电容器两个极板间加上一定电压后，两个极板上会分别聚集起等量的异性电荷，并在介质中形成电场。去掉电容两个极板上的电压，电荷长久储存，电场仍然存在。因此，电容器是一种能储存电场能量的元件。在电路中多用来滤波、隔直、交流耦合、交流旁路及与电感元件组成振荡电路等。

对于电容元件来说，其极板之间的电压 u 越大，极板上储存的电荷 q 也越多，我们把 q 与 u 的比值称为电容元件的电容量（简称电容），用符号 C 表示，即

$$C = \frac{q}{u} \tag{2-14}$$

电容既表示电容元件，又表示电容元件的参数。电容元件的电路符号如图 2-14 所示。

电容的国际单位为法拉，简称法（F），实际的电容很小，常用的电容单位有微法（μF）、皮法（pF），它们之间的换算关系为 1 F＝10^6 μF，1 F＝10^{12} pF。

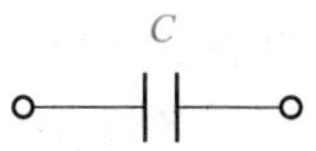

C

图 2-14　电容元件的电路符号

在选用电容器时，除选择合适的电容量外，还需注意实际工作电压与电容器的额定电压是否相等。如果实际工作电压过高，介质就会被击穿，电容器就会被损坏。

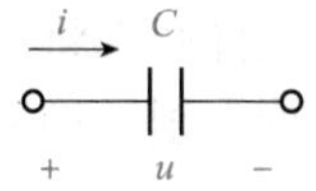

如果电容元件的电压、电流取关联参考方向，如图 2-15 所示，则根据电流的定义及式（2-14），可得出电容元件的电压、电流关系为

$$i = \frac{\mathrm{d}q}{\mathrm{d}t} = C\frac{\mathrm{d}u}{\mathrm{d}t} \tag{2-15}$$

图 2-15　电容元件电压、电流参考方向

由式（2-15）可以看出，任意时刻通过电容的电流与电容两端电压的变化率成正比，而与该时刻的电压值无关，电容是一个动态元件。电压升高，$\mathrm{d}u/\mathrm{d}t>0$，则 $\mathrm{d}q/\mathrm{d}t>0$，$i>0$，极板上电荷量增加，电容器充电；当电压降低，$\mathrm{d}u/\mathrm{d}t<0$，则 $\mathrm{d}q/\mathrm{d}t<0$，$i<0$，极板上电荷量减少，电容器放电。直流电压的变化率 $\mathrm{d}u/\mathrm{d}t=0$，则 $i=0$，电容相当于开路，电容有隔断直流的作用。

由式（2-15）还可以表明，电容另外一个重要的性质：在任何时刻，如果通过电容的电流为有限值，则 $\mathrm{d}u/\mathrm{d}t$ 就必须为有限值，这就意味着电容两端的电压不可能发生突变，而只能是连续变化的。

电容是储能元件，它吸收的能量可用下面公式来计算：

$$W_{\mathrm{C}}(t) = \frac{1}{2}Cu^2(t) \tag{2-16}$$

由式（2-16）可知，电容在任一时刻 t 储存的能量仅与此时刻的电压有关，而与电流无关，并且 $W_{\mathrm{C}} \geqslant 0$。电容充电时将吸收的能量全部转变为电场能，放电时又将储存的电场能释放回电路，它不消耗能量，因此，电容是储能元件。

3. 电感元件

电感元件是理想化的电路元件，实际电感线圈就是用漆包线或纱包线、裸导线一圈靠一圈地绕在绝缘管上或铁心上但又彼此绝缘的一种元件。在电路中多用来对交流信号进行隔离、滤波或组成谐振电路等。

当电感元件中通过电流 i 时，在每匝线圈中会产生磁通 Φ；若线圈有 N 匝，则与 N 匝线圈交链的磁通总量为 $N\Phi$，简称为磁链 Ψ，即 $\Psi = N\Phi$。线圈中间和周围没有铁磁物质时，线圈的磁链 Ψ 与产生磁场的电流 i 成正比，比例常数称为此线圈的自感系数，简称自感或电感，用符号 L 表示：

$$L = \frac{\Psi}{i} \tag{2-17}$$

电感 L 既表示电感元件，又表示电感元件的参数。电感的电路符号如图 2-16 所示。

图 2-16　电感的电路符号

电感的国际单位为亨利，简称亨（H），常用的电感单位有毫亨（mH）、微亨（μH），它们之间的换算关系为：1 H$=10^3$ mH，1 H$=10^6$ μH。

在选用电感线圈时，除选择合适的电感量外，还需注意实际工作电流不能超过其额定电流。否则，由于电流过大，线圈发热而被烧毁。

当通过电感的电流 i 发生变化时，它的磁链 Ψ 也相应发生变化，由电磁感应定律可知，电感元件两端将产生感应电压 u，若感应电压 u 的参考方向与磁链 Ψ 的参考方向也满足右手螺旋定则，即 u、i 的参考方向关联，则有

$$u = \frac{\mathrm{d}\Psi}{\mathrm{d}t} = \frac{\mathrm{d}Li}{\mathrm{d}t} = L\frac{\mathrm{d}i}{\mathrm{d}t} \tag{2-18}$$

由式（2-18）可以看出，任意时刻电感两端的电压与电感电流的变化率成正比，而与该时刻的电流值无关，电感是一个动态元件。

由式（2-18）还可以表明，电感的另外一个重要性质：在任何时刻，如果电感两端电压为有限值，则 $\mathrm{d}i/\mathrm{d}t$ 就必须为有限值，这就意味着电感中的电流不可能发生突变，而只能是连续变化的。

电感是储能元件，它吸收的能量可用下面公式来计算：

$$W_{\mathrm{L}}(t) = \frac{1}{2}Li^2(t) \tag{2-19}$$

由式（2-19）可知，电容在任一时刻 t 储存的能量仅与此时刻的电流有关，而与电压无关，并且 $W_{\mathrm{L}} \geqslant 0$，因此电感是储能元件。

▰ 小问答

1. _____是耗能元件；_____是储能元件。
2. 电阻两端电压与电流的伏安关系式_____。
3. 电容两端电压与电流的伏安关系式_____。
4. 电感两端电压与电流的伏安关系式_____。
5. 选择电容时要注意什么？选择电感时要注意什么？

三、独立电源

凡是向电路提供能量或信号的设备称为电源。常见的电源有发电机、干电池和各种信号源。电源有电压源和电流源两种类型。

(一)理想电压源与理想电流源

1. 理想电压源

理想电压源是从实际电源抽象出来的理想化二端电路元件。凡端电压为恒定值或按照某种给定的规律变化而与其电流无关的电源，就称为理想电压源，简称电压源。电压源的电路符号如图 2-17(a)所示。

理想电压源具有以下两个特点：

（1）它的端电压是恒定的值或是一个固定的时间函数，与流过它的电流无关；

（2）流过它的电流取决于它所连接的外电路，电流的大小和方向都由外电路决定。

直流电压源的伏安特性如图2-17(b)所示。它是一条平行于 I 轴的直线，表明其端电压的大小与电流大小、方向无关。直流电压源也称为恒压源。

由理想电压源的特点可知，其端电压为定值，不随端口电流改变。所以，电压源与任何二端元件并联，都可以等效为电压源。

注意：等效是对外电路而言，对内部电路是不等效的。

2. 理想电流源

理想电流源也是一个理想的二端元件，简称为电流源。理想电流源具有以下两个特点：

（1）它输出的电流是恒定值或是一个固定的时间函数，与它两端的电压无关；

（2）电流源两端的电压取决于它所连接的外电路。电流源的电路符号如图2-18(a)所示。

直流电流源的伏安特性如图2-18(b)所示，它是一条平行于 U 轴的直线，表明其电流的大小与电压的大小、方向无关，直流电流源也称为恒流源。

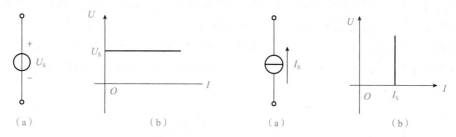

图 2-17　理想电压源模型及其伏安特性　　图 2-18　理想电流源模型及其伏安特性

由理想电流源的特点可知，其输出电流为定值，不随端口电压而改变。所以，电流源与任何二端元件串联，都可以等效为电流源。

（二）实际电压源模型与实际电流源模型

1. 实际电压源模型

理想电压源实际上是不存在的。电源内部总是存在一定的电阻，称之为内阻 R_0。当它供给外电路能量时，内部本身也消耗能量，这样，它就不具有端电压为定值的特点，端电压是随着电流的变化而变化的。这时，实际电压源可以用理想电压源 U_s 与一内阻 R_0 相串联的电路模型来表示。如图2-19(a)所示，这时，电压源对外电路输出的电压与电流的关系（伏安特性方程）为

$$U = U_s - IR_0 \qquad\qquad (2\text{-}20)$$

式（2-20）表明，电压源的输出电压 U 与输出电流 I 的大小有关（即与负载有关）；电流 I 越大，电源内阻上的电压 IR_0 越大，输出电压 U 越低，其伏安特性是一条下降的直线，如图2-19(b)所示。

当电压源的内阻远远小于外电路的电阻（$R_0 \ll R$）时，可认为 $R_0 \to 0$，因而忽略电压源内阻对输出电压的影响，$I = \dfrac{U_s}{R_0 + R} \approx \dfrac{U_s}{R}$，电压源的输出电压近似等于电源电动势（$U \approx U_s$），即内阻趋于零（$R_0 \to 0$）的电压源可以认为是理想电压源。

2. 实际电流源模型

同样，理想电流源实际上也是不存在的。实际电流源输出的电流是随着端电压的变化而变化的。例如，光电池在一定照度的光线照射下，被光激发产生的电流，并不能全部外流，其中的一部分将在光电池内部流动。由此可见，实际的电流源（简称电流源）可用理想电流源 I_S 和一个内阻 R_0 相并联的模型来表示，如图 2-20(a)所示。于是，电流源对外电路输出的电压与电流的（伏安特性方程）为

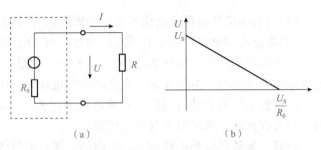

图 2-19　实际电压源模型及其伏安特性
(a)实际电压源；(b)实际电压源的伏安特性

$$I = I_S - \frac{U}{R_0} \qquad (2\text{-}21)$$

式(2-21)表明，电流源的输出电流与输出电压的高低有关；输出电压 U 越高，电源内阻上通过的电流 I_S 越大，输出电流 I 越小，其伏安特性是一条下降的直线，如图 2-20(b)所示。

当电流源的内阻远远大于外电路的电阻$(R_0 \gg R)$时，可认为 $R_0 \to \infty$，则电流源的输出电流近似等于恒流源$(I \approx I_S)$，即内阻为无穷大的电流源可以认为是理想电流源。

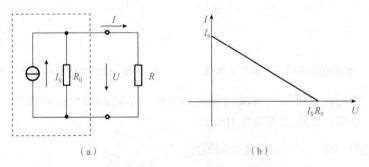

图 2-20　实际电流源及其伏安特性
(a)实际电压源；(b)实际电流源的伏安特性

(三)两种实际电源模型的等效互换

一个实际的电源，既可以用理想电压源与内阻串联表示，也可以用一个理想电流源与内阻并联来表示。对于外电路而言，如果电源的外特性相同，无论采用哪种模型计算外电路电阻上的电流、电压，结果都会相同。此时，电压源和电流源这两种电源对外电路而言是等效的。为了方便电路的分析和计算，往往需要将电压模型与电流模型进行等效互换。图 2-21 所示为电压源与电流源等效互换模型。

在图 2-21(a)中，由式(2-20)可知，实际电压源的输出电压为

$$U = U_S - R_0 I \qquad (2\text{-}22)$$

在图 2-21(b)中，实际电流源的输出电流与式(2-21)中相同，即

$$I = I_S - \frac{U}{R_S} \qquad (2\text{-}23)$$

根据等效的要求，上面两个式子中对应项应该相等，即

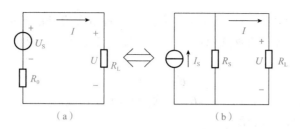

图 2-21　电压源与电流源等效互换模型

$$U_S = R_S I \quad R_0 = R_S \tag{2-24}$$

或

$$I_S = \frac{U_S}{R_S} \quad R_S = R_0 \tag{2-25}$$

满足上述条件的情况下，两种电源模型可以相互转换，而对外电路不会产生任何影响。

在进行电源模型的等效变换时，应注意以下几个问题：

(1)电压源与电流源的等效变换只能对外电路等效，对内电路(电源内部)是不等效的。

(2)电压源从负极到正极的方向与电流源电流的方向在变换前后应保持一致。即在进行两种模型之间的等效变换时，电压源模型中电压源的参考正极接哪一段，等效电流源模型的电流的参考方向就指向哪一端；反之亦然。

(3)理想电压源与理想电流源不能进行等效变换，因为这两者的伏安特性完全不同，不能等效变换。

【例 2-4】　已知两个电压源，$E_1 = 24$ V，$R_{01} = 4$ Ω；$E_2 = 30$ V，$R_{02} = 6$ Ω，将它们同极性相并联，试求其等效电压源的电动势和内电阻 R_0。

解：如图 2-22 所示，先将两个电压源分别等效变换为电流源

$$I_{S1} = \frac{E_1}{R_{01}} = \frac{24}{4} = 6(A)$$

$$I_{S2} = \frac{E_2}{R_{02}} = \frac{30}{6} = 5(A)$$

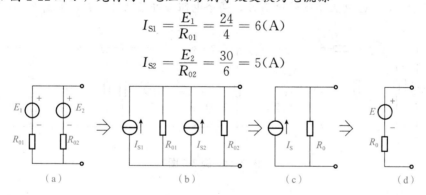

图 2-22　例 2-4 的图

将两个电流源合并为一个等效电流源

$$I_S = I_{S1} + I_{S2} = 6 + 5 = 11(A)$$

$$R_0 = R_{01} \mathbin{/\mkern-5mu/} R_{02} = \frac{R_{01} R_{02}}{R_{01} + R_{02}} = \frac{4 \times 6}{4 + 6} = 2.4(A)$$

然后，将这个等效电流源变换成等效电压源

$$E = R_0 I_S = 2.4 \times 11 = 26.4(V)$$

$$R_0 = 2.4 \ \Omega$$

【例 2-5】 将图 2-23(a)、(c)所示的电路进行两种电源模型的转换。

解：(1)图 2-23(a)所示为电压源模型，可等效变换为电流源模型。根据变换公式，则

$$I_S = \frac{U_S}{R_S} = \frac{12}{3} = 4(A)$$

$$R_S = R_0 = 3\ \Omega$$

变换结果如图 2-23(b)所示。

(2)图 2-23(c)为电流源模型，可等效变换为电压源模型。根据变换公式，则

$$U_S = R_S I = 2 \times 2 = 4(V)$$

$$R_S = R_0 = 2\ \Omega$$

变换结果如图 2-23(d)所示。

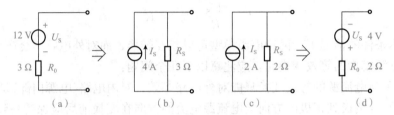

图 2-23　例 2-5 图

【例 2-6】 将图 2-24 所示的电路化简成电压源模型。

解：图 2-24(a)中 1 A 电流源与 5 Ω 电阻构成电流源模型，根据式(2-24)可等效变换成 5 V 电压源与 5 Ω 电阻构成的电压源模型，如图 2-24(b)所示。两个电压源合并后与串联的 5 Ω 电阻根据式(2-25)可等效变换成 2 A 电流源与 5 Ω 电阻并联的电流源，如图 2-24(c)所示。5 Ω 和 7.5 Ω 电阻并联等效为一个 3 Ω 的电阻，与 2 A 电流源并联后，等效为一个 6 V 电压源与 3 Ω、1.5 Ω 电阻串联的电压源，两个电阻合并后为 4.5 Ω，如图 2-24(d)所示。

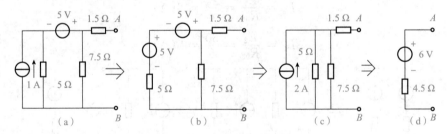

图 2-24　例 2-6 图

小问答

1. 理想电压源的特点_____。

2. 理想电流源的特点_____。

3. 理想电压源与任何二端元件并联，都可以等效为_____。

4. 理想电流源与任何二端元件串联，都可以等效为_____。

5. 实际电压源与实际电流源等效变换时应注意什么问题？

完成电路设计后，我们可以通过虚拟仿真软件测试电路参数。在实际电路中我们可以根据负载和电源的大小估算电路参数，简单的电路可以利用欧姆定律，也可以利用基尔霍夫定律来估算，复杂的电路可以采用直流电路的分析方法简化电路来估算。

学习要点

电阻的
串联及应用

一、电阻的串联、并联与混联

(一)电阻的串联

在电路中将两个或两个以上的电阻首尾依次相连，构成一个无分支的电路，这种连接方式叫作串联。三个电阻串联的电路如图 2-25 所示。

1. 电阻串联电路的特点

(1)电阻串联时流过每个电阻的电流都相等，即

$$I = I_1 = I_2 = I_3$$

(2)电阻串联电路中，电路两端的总电压等于各个电阻两端电压之和，即

$$U = U_1 + U_2 + U_3$$

(3)电阻串联电路的总电阻(等效电阻)等于各个电阻之和，即

$$R = R_1 + R_2 + R_3$$

(4)电阻串联电路中各电阻上电压的分配与电阻的阻值成正比，即

$$\frac{U_n}{U} = \frac{IR_n}{IR} = \frac{R_n}{R}$$

$$U_n = \frac{R_n}{R}U \tag{2-26}$$

式(2-26)称为分压公式，其中 $\frac{R_n}{R}$ 为分压比。两个电阻串联电路的分压公式为

$$U_1 = \frac{R_1}{R_1 + R_2}U$$

$$U_2 = \frac{R_2}{R_1 + R_2}U \tag{2-27}$$

(5)电阻串联电路中消耗的总功率等于各电阻消耗功率之和，即

$$P = P_1 + P_2 + P_3$$

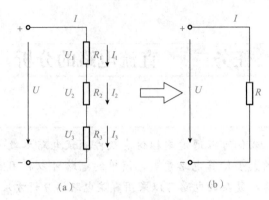

图 2-25　电阻的串联

(a)三个电阻串联电路；(b)等效电路

2. 电阻串联电路的应用

(1)采用几只电阻器串联来获得阻值较大的电阻器。

(2)构成分压器。

【**例 2-7**】　图 2-26 所示为一个电阻分压器，已知电路两端电压 $U = 120$ V，$R_1 = 10$ Ω，$R_2 = 20$ Ω，$R_3 = 30$ Ω。试求当开关分别在 1、2、3 位置时输出电压 U_0 的大小。

解：根据分压公式，当开关分别在 1、2、3 位置时，输出电压 U_{01}、U_{02}、U_{03} 的大小分别是

$$U_{01} = \frac{R_1}{R_1 + R_2 + R_3}U = \frac{10}{10 + 20 + 30} \times 120 = 20(\text{V})$$

$$U_{02} = \frac{R_1 + R_2}{R_1 + R_2 + R_3}U = \frac{10 + 20}{10 + 20 + 30} \times 120 = 60(\text{V})$$

$$U_{03} = U = 120 \text{ V}$$

【**例 2-8**】　现有一表头，满度电流 I_g 是 100 μA(即表头允许通过的最大电流 100 μA)，表头等效电阻 r_g 为 1 kΩ。若把它改装成量程为 15 V 的电压表，如图 2-27 所示，问：应在表头上串联多大的分压电阻 R_f?

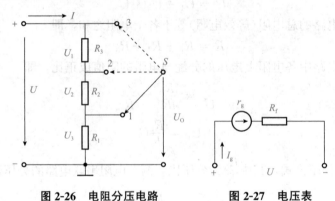

图 2-26　电阻分压电路　　　　图 2-27　电压表

解：因为分压电阻 R_f 与表头电阻 r_g 串联，所以流过分压电阻的电流与表头电流相等。故有

$$I_g = \frac{U_f}{R_f} = \frac{U - I_g r_g}{R_f}$$

$$R_f = \frac{U - I_g r_g}{I_g} = \frac{15 - 100 \times 10^{-6} \times 10^3}{100 \times 10^{-6}}\Omega = 149 \text{ kΩ}$$

(二)电阻的并联

在电路中,将两个或两个以上的电阻,并列连接在相同两点之间的连接方式叫作电阻并联。三个电阻并联电路如图 2-28 所示。

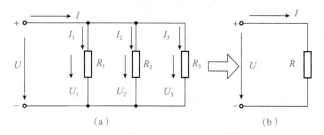

图 2-28 电阻并联电路
(a)三个电阻并联;(b)等效电路

电阻的
并联及应用

1. 电阻并联电路特点

(1)电阻并联时电路两端总电压与各电阻两端电压相等,即

$$U = U_1 = U_2 = U_3$$

(2)电阻并联电路中的总电流等于流过各电阻电流之和,即

$$I = I_1 + I_2 + I_3$$

(3)电阻并联电路总电阻(即等效电阻)的倒数等于各电阻倒数之和,即

$$\frac{1}{R} = \frac{1}{R_1} + \frac{1}{R_2} + \frac{1}{R_3}$$

当两个电阻并联时,总电阻为

$$R = \frac{R_1 R_2}{R_1 + R_2}$$

(4)电阻并联电路中,各电阻上分配的电流与其阻值成反比,即阻值越大的电阻所分配的电流越小;反之电流越大。

两个电阻并联时的分流公式为

$$I_1 = \frac{R_2}{R_1 + R_2} I \quad I_2 = \frac{R_1}{R_1 + R_2} I \tag{2-28}$$

(5)电阻并联电路中各电阻上消耗的功率与其阻值成反比,即

$$P_n = \frac{U^2}{R_n}$$

电路消耗的总功率等于相并联各电阻消耗功率之和,即

$$P = ui = \frac{u^2}{R_1} + \frac{u^2}{R_2} + \cdots + \frac{u^2}{R_n} \tag{2-29}$$

一般负载都是并联使用的。负载并联使用时,它们处于同一电压之下,任何一个负载的工作情况基本上不受其他负载的影响。并联的负载电阻越多(负载增加),则总电阻越小,电路中总电流和总功率也就越大。

2. 电阻并联电路的应用

(1)采用几只电阻器并联来获得较小阻值的电阻器。

(2)用并联电阻的方法来扩大电流表的量程。

【例 2-9】 如图 2-29 所示的电路中，已知电路中电流 $I = 3$ A，$R_1 = 30$ Ω，$R_2 = 60$ Ω。试求总电阻及流过每个电阻的电流。

解：两个电阻并联的总电阻为

$$R = \frac{R_1 R_2}{R_1 + R_2} = \frac{30 \times 60}{30 + 60} = 20(\Omega)$$

利用分流公式：

$$I_1 = \frac{R_2}{R_1 + R_2} I = \frac{60}{90} \times 3 = 2(\text{A})$$

$$I_2 = \frac{R_1}{R_1 + R_2} I = \frac{30}{90} \times 3 = 1(\text{A})$$

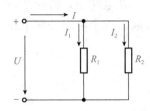

图 2-29　电流并联电路

【例 2-10】 现有一表头，满度电流 I_g 是 100 μA（即表头允许通过的最大电流是 100 μA），表头等效电阻是 1 kΩ。若把它改装成量程为 10 mA 的电流表，如图 2-30 所示，问应在表头上并联多大的分流电阻 R_f?

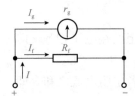

图 2-30　电流表

混联电路
的分析

解：因为分流电阻与表头并联，所以分流电阻两端电压与表头两端电压相等，即

$$U_g = I_g r_g = (I - I_g) R_f$$

$$R_f = \frac{I_g}{I - I_g} r_g = \frac{100 \times 10^{-3}}{10 - 100 \times 10^{-3}} \times 10^3 = 10.1(\Omega)$$

(三)电阻的混联

在电路中，既有电阻串联又有电阻并联方式的电路叫作电阻混联电路，如图 2-31 所示。在图 2-31(a)中，电阻 R_1、R_2 串联后与 R_3 并联，三只电阻器混联后，等效电阻为

$$R = \frac{(R_1 + R_2) R_3}{R_1 + R_2 + R_3} = \frac{(2 + 4) \times 3}{2 + 4 + 3} = 2(\Omega)$$

在图 2-31(b)中，由于连接关系复杂一些，可采用画等效电路的方法，把电路改画成容易判别串联、并联关系的电路，然后进行计算。等效电路如图 2-31(c)所示。其等效电阻为

$$R_{134} = R_1 + \frac{R_3 R_4}{R_3 + R_4} = R_1 + \frac{R_3}{2} = 6 \ \Omega \quad R = R_{AB} = \frac{R_2 R_{134}}{R_2 + R_{134}} = \frac{R_2}{2} = \frac{6}{2} = 3(\Omega)$$

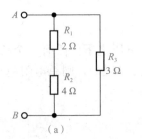

(a)

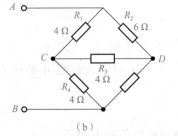

(b)

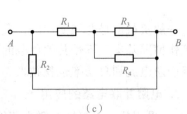

(c)

图 2-31　电阻混联电路

1. 电阻串联的特点_____。
2. 电阻并联的特点_____。
3. 电阻串联的应用_____。
4. 电阻并联的应用_____。

二、欧姆定律与基尔霍夫定律

基尔霍夫定律

欧姆定律与基尔霍夫定律都是分析电路的依据。欧姆定律反映了线性元件上电流与电压的约束关系；基尔霍夫定律反映了电路中电流之间或电压之间的约束关系。

(一)欧姆定律

德国物理学家欧姆，用实验的方法研究了电阻两端电流与电压的关系，得出结论：流过电阻 R 的电流，与电阻两端的电压成正比，与电阻 R 成反比，这个结论叫作欧姆定律。如图 2-32(a)所示，电流、电压取关联参考方向，欧姆定律用公式表示为

$$I = \frac{U}{R} \tag{2-30}$$

或

$$U = IR \tag{2-31}$$

电流、电压取非关联参考方向时，欧姆定律表示为

$$I = -\frac{U}{R} \tag{2-32}$$

或

$$U = -IR \tag{2-33}$$

对于含有电源的全电路来说，如图 2-32(b)所示。电路中的电流为

$$I = \frac{U_S}{R_0 + R} \tag{2-34}$$

式(2-34)是全电路欧姆定律的数学表达式。它说明，在全电路中，电流与电源的电动势成正比，与电路的其他所有电阻之和成反比。

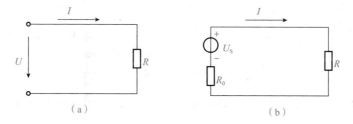

图 2-32　欧姆定律

(a)一般电路的欧姆定律；(b)全电路欧姆定律

(二)基尔霍夫定律

基尔霍夫定律包括基尔霍夫电流定律和基尔霍夫电压定律，是分析与计算电路的基本

定律，适用于各种线性及非线性电路的分析运算。它仅取决于电路中各元件的连接方式，而与各元件本身的物理特性无关。在叙述基尔霍夫定律之前，先定义几个术语：

（1）节点：电路中三条或三条以上支路的连接点称为节点。图 2-33 中有 a、b 两个节点。

（2）支路：电路中任意两个节点之间的电路称为支路。图 2-33 中有 3 条支路。aeb 支路不含有电源，称为无源支路；acb、adb 支路含有电源，称为有源支路。

（3）回路：电路中任意一闭合路径称为回路。图 2-33 中有 $adbca$、$acbea$、$adbea$ 三个回路。

（4）网孔：内部不包含任何支路的回路称为网孔，也称为单孔回路。如图 $adbca$、$acbea$ 这两个回路是网孔，其余的回路都不是网孔。

1. 基尔霍夫电流定律

基尔霍夫电流定律（KCL）又称基尔霍夫第一定律，是描述电路中与节点相连的各支路电流之间相互关系的定律。它的内容是对于电路中的任何一个节点，在任何瞬间，流入节点的电流之和等于流出节点的电流之和，即

$$\sum I_入 = \sum I_出 \tag{2-35}$$

显然在图 2-33 所示的电路中，对节点 a 写出

$$I_1 + I_2 = I_3$$

这个定律也可用另一种叙述方式：对于电路中的任意节点，在任意时刻，通过电路中任一节点的电流的代数和为零。即

$$\sum I = 0 \tag{2-36}$$

若规定流入（出）节点电流为正，流出（入）节点电流为负，在图 2-33 所示的电路中，对节点 a 写出：$I_1 + I_2 - I_3 = 0$。

KCL 通常用于节点，但也可以将其推广应用于包围部分电路的任一假设的闭合面（即广义节点）。即在任一瞬时，流入闭合面的电流等于流出闭合面的电流。在图 2-34 所示的电路中，虚线为一闭合面，有

$$I_a + I_b + I_c = 0$$

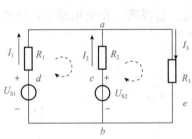
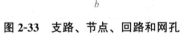

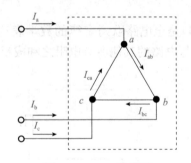

图 2-33　支路、节点、回路和网孔　　图 2-34　KCL 的扩展

【例 2-11】 在图 2-35 所示的电路中，已知 $I_1 = 25$ mA，$I_3 = 16$ mA，$I_4 = 12$ mA。求：$I_2 = ?$ $I_5 = ?$ $I_6 = ?$

解：对节点 A 有

$$I_1 - I_2 - I_3 = 0$$

所以 $I_2 = I_1 - I_3 = 25 - 16 = 9$(mA)，其实际方向与图中参考方向相同

对节点 C 有

$$I_3 + I_6 - I_4 = 0$$

所以 $I_6 = I_4 - I_3 = 12 - 16 = -4(\text{mA})$，负号表示电流的实际方向与图中参考方向相反。

对节点 B 有

$$I_2 - I_5 - I_6 = 0$$

所以 $I_5 = I_2 - I_6 = 9 - (-4) = 13(\text{mA})$，其实际方向与图中参考方向相同。

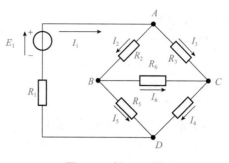

图 2-35　例 2-11 图

2. 基尔霍夫电压定律

基尔霍夫电压定律(KVL)又称基尔霍夫第二定律，它反映了电路任一回路中各段电压之间相互制约的关系。它的具体内容是：在任何瞬时，对于电路中的任意回路，沿任意规定的(顺时针或逆时针)方向绕行一周，各部分电压的代数和等于零，即

$$\sum U = 0 \tag{2-37}$$

式中，电压 U 的参考方向与绕行方向一致，则该电压前取正号；反之取负号。

在图 2-36 所示的回路中，若以顺时针方向为绕行方向，对回路列 KVL 方程为

$$-U_1 + U_3 \times U_4 + U_2 = 0$$

即

$$U_3 - U_4 + U_2 - U_1 = 0$$

图 2-36 所示的电路是由电源和电阻构成的，将其物理量代入上式可改写为

$$I_1 R_1 - I_2 R_2 + U_{S2} - U_{s1} = 0$$

或

$$U_{S1} - U_{S2} = I_1 R_1 - I_2 R_2$$

即

$$\sum U_S = \sum IR \tag{2-38}$$

式(2-38)是 KVL 方程在电阻电路中的表达形式。具体定义：在任一瞬间，沿任意回路绕行一周，回路中电源电动势的代数和等于各个电阻上电压的代数和。其中，正负号的确定原则：凡电动势的正方向与所选绕行方向一致则取正号，相反则取负号；当电流的参考方向与绕行方向相同时，电阻上的电压取正号，否则取负号。

基尔霍夫电压定律不仅适用于闭合回路，也可以应用于不闭合的电路中。在图 2-37 中，a、b 两点间没有元件连接，可假想 a、b 间由某元件连接，元件两端的电压为 U_{ab}，可用 U_{ab} 作为回路电压的一部分列基尔霍夫电压定律方程，有

$$U_{ab} + I_3 R_3 + I_1 R_1 - I_2 R_2 = U_{S1} - U_{S2}$$

基尔霍夫定律适用于各种电路，既适用于直流电路，也适用于交流电路。而且无论元件是线性还是非线性，这两个公式都成立。

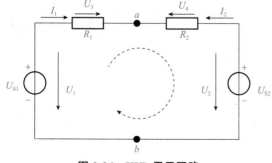

图 2-36　KVL 用于回路

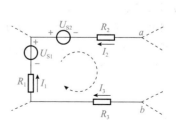

图 2-37　KVL 的扩展

1. 欧姆定律的表达式_____；全电路欧姆定律的表达式_____。

2. 节点是指_____。

3. 回路是指_____。

4. 基尔霍夫电流定律的表达式_____。

5. 基尔霍夫电压定律的表达式_____。

三、支路电流分析法

在由多个电源及电阻组成的结构复杂的电路中，凡不能用电阻的串联、并联等效变换化简的电路，一般称为复杂电路。计算复杂电路的方法很多，其中支路电流法是最基本的方法。

支路电流分析法

支路电流法是以支路电流为未知量，根据基尔霍夫两条定律，分别对节点和回路列出与未知数数目相等的独立方程，从而解出各未知量的方法。应用支路电流法的解题步骤如下：

(1)在给定电路中，找出节点数 n 和支路数 m，标出各支路电流的参考方向和回路的绕行方向。参考方向可以任意选定，如与实际方向相反，求得的电流将为负值。

(2)根据基尔霍夫电流定律列出$(n-1)$个独立的节点电流方程。

(3)根据基尔霍夫电压定律列出$[m-(n-1)]$个独立的回路电压方程，为保证每个方程为独立方程，通常可选择网孔列出电压方程。

(4)联立方程求解，求出各支路电流。

注意：支路电流法是电路分析中最基本的方法之一，但当支路数较多时，所需方程的个数较多，求解不甚方便。

【例2-12】 在如图2-38所示的电路中，已知$U_{S1}=15$ V，$U_{S2}=30$ V，$R_1=3$ Ω，$R_2=6$ Ω，$R_3=3$ Ω。试求各支路的电流。

解：(1)该电路有点 a 和 b 2个节，aeb、acb 和 adb 3 条支路，$acbda$、$acbea$ 2 个网孔。支路电流的参考方向和回路的绕行方向如图2-38所示。

(2)根据KCL，列出$(n-1)=2-1=1$个独立的节点电流方程，即

对节点a　　$I_1+I_2+I_3=0$

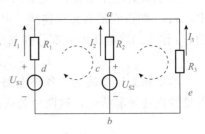

图2-38　例2-12图

根据KVL，列出$[m-(n-1)]=[3-(2-1)]=2$个独立的回路电压方程，即

对网孔$acbda$　　$R_1I_1-R_2I_2=U_{S1}-U_{S2}$

对网孔$acbea$　　$R_2I_2-R_3I_3=U_{S2}$

(3)将已知条件代入有

$$I_1+I_2+I_3=0$$
$$3I_1-6I_2=15-30$$
$$6I_2-3I_3=30$$

联立上述方程求解，得

$I_1 = 1$ A　实际方向与参考方向相同。

$I_2 = 3$ A　实际方向与参考方向相同。

$I_3 = -4$ A　实际方向与参考方向相反。

叠加定理

四、叠加定理

叠加定理是线性电路的一个基本定理，它体现了线性网络的基本性质。在网络理论中占重要的地位，是分析线性电路的基础，而且线性电路中的许多定理可以由叠加定理导出。

叠加定理的内容为：对于线性电路，当电路中有两个或两个以上的独立源作用时，任何一条支路的电流(或电压)，等于电路中每个独立源分别单独作用时，在该支路所产生的电流(或电压)的代数和。

一个独立源单独作用意味着其他独立源不作用。即不作用的电压源的输出电压为零，电压源视为短路；不作用的电流源的输出电流为零，电流源视为开路。但它们的内阻都必须保留。

应用叠加定理进行电路分析时，应注意下列几点：

(1)叠加定理只能用来计算线性电路的电流和电压，不适用于功率的计算。对非线性电路，叠加定理不适用。

(2)化为几个单电源电路进行计算时，所谓电压源不作用，就是在该电压源处用短路代替；电流源不作用，就是在该电流源处用开路代替；所有电阻不变。

(3)最后叠加时，各独立电源单独作用时所取电流(或电压)参考方向与原电路图中所标参考方向一致时取正号；反之取负号。

【例2-13】　用叠加定理求图2-39(a)所示电路中的电压U。

解：根据叠加定理，图2-39(a)中的电压可以看成图2-39(b)、(c)中响应的叠加。图2-39(b)为电压源单独作用的电路，图2-39(c)为电流源单独作用的电路。

在图2-39(b)中，

$$U' = -\frac{2}{2+3} \times 20 = -8(\text{V})$$

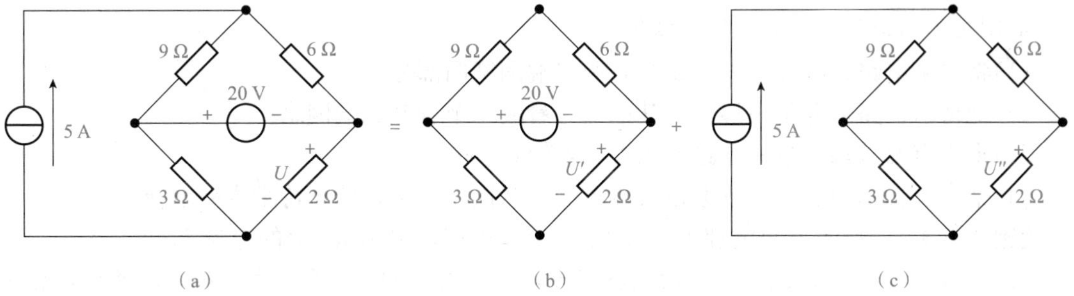

（a）　　　　　　　　　　（b）　　　　　　　　　　（c）

图2-39　例2-13图

在图2-39(c)中，

$$U'' = \frac{3}{2+3} \times 5 \times 2 = 6(\text{V})$$

进行叠加得

$$U = U' + U'' = -8 + 6 = -2(V)$$

五、戴维南定理

有时在求解复杂电路时只需求某一支路的电流和电压。这时如用支路电流法或别的方法求解，必然会引出一些不需要的电流和电压来，就比较烦琐。对于这类情况，用戴维南定理可以使计算过程简单。

如果只需求解复杂电路中的某一支路电流时，可将这个支路从整个电路中划出，而将其余部分电路看作是一个有源二端网络。所谓有源二端网络，就是含有电源，有两个引出端的电路。有源二端网络可以是简单的或任意复杂的电路。这样原来的复杂电路就由有源二端网络和待求支路两部分组成。

戴维南定理指出：任何一个线性有源二端网络，无论其结构如何复杂，都可以用一个等效电压源代替，等效电压源的电动势 U_S 等于有源二端网络的开路电压 U_0，等效电压源的内阻 R_0 等于有源二端网络中所有电源均除去(理想电压源短路，理想电流源开路)后所得到的无源二端网络的等效电阻。

这样，一个复杂的电路就变换成了一个等效电压源 U_S 及内阻 R_0 和待求支路相串联的简单电路，如图 2-40 所示。则流过待求支路中的电流 I 便可用欧姆定律方便地求出：

$$I = \frac{U_S}{R + R_0}$$

式中，R 为任意负载的阻值。

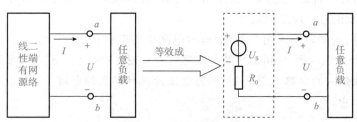

图 2-40　戴维南定理示意图

应用戴维南定理求解电流的步骤如下：

(1)将复杂电路分解为待求支路和有源二端网络两部分。

(2)把待求支路从电路中移去，其他部分看成一个有源二端网络。

(3)求出有源二端网络的开路电压 U_0 及等效电阻 R_0。

(4)把有源二端网络的等效电路与所求的支路连接起来，计算待求支路电流。

【例 2-14】　应用戴维南定理求图 2-41(a)所示电路中电阻 R_L 上的电流 I。

解：将图 2-41(a)中 $R_L = 4\ \Omega$ 的支路断开，得到图 2-41(b)所示的电路，该电路是含独立源的二端网络，这个网络的开路电压为 U_{0C}。图 2-41(b)中的电流

$$I' = \frac{24 + 12}{6 + 3} = 4(A)$$

开路电压为 $U_{0C} = 2 \times 10 + 24 - 3 \times 4 = 32(V)$

如图 2-41(c)所示，二端网络所有独立源作用为零的等效电阻为

$$R_0 = 2 + \frac{3 \times 6}{3 + 6} = 4(\Omega)$$

画出戴维南等效电路，如图 2-41(d)所示，可求 R_L 的电流为

$$I = \frac{32}{4 + 4} = 4(A)$$

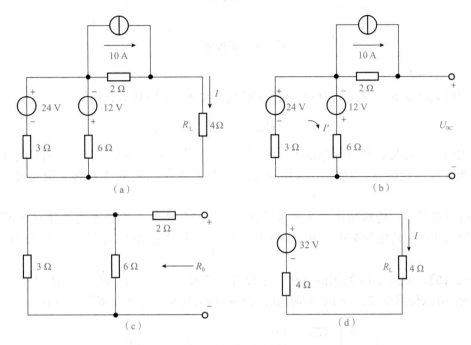

图 2-41　例 1-14 图

六、最大功率传输定理

最大功率传输定理

　　实际中许多电子设备所用的电源(或信号源)，在向外供电时都引出两个端子接到负载，可以将它们看成是一个有源二端网络。当所接负载不同时，有源二端网络传输给负载的功率也就不同。对给定的有源二端网络，当负载为何值时，网络传输给负载的功率最大？负载所能获得到的最大功率又是多少？

　　如图 2-42(a)所示，有源二端网络 N 向负载 R_L 传输功率，根据戴维南定理，图 2-42(a)可以等效成图 2-42(b)。

　　图 2-42(b)中，流经负载 R_L 的电流

$$I = \frac{U_S}{R_0 + R_L}$$

负载 R_L 吸收的功率

$$P_L = I^2 R_L = \left(\frac{U_S}{R_0 + R_L} \right)^2 R_L$$

为求得负载 R_L 上获得的功率为最大的条件，对上式求导，并令其等于零，即

$$\frac{dP_L}{dR_L} = U_S^2 \times \frac{(R_0 + R_L)^2 - R_L \times 2(R_0 + R_L)}{(R_0 + R_L)^4} = 0$$

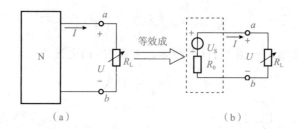

（a） （b）

图 2-42　等效电路

求得：$R_L = R_0$。

即当负载满足 $R_L = R_0$ 时，负载就能获得最大功率。此时负载获得的最大功率为

$$P_{Lmax} = \frac{U_S^2}{4R_0} \tag{2-39}$$

由式（1-39）可见，当负载电阻 $R_L = R_0$ 时，负载获得最大功率，这种工作状态称为负载与电源匹配。此时电源内阻上消耗的功率和负载上获得的功率相等，故电源效率只有 50%。

在电力系统中，传输功率大，要求效率高，能量损失小，所以不能工作在匹配状态。而在电信系统中，传输功率小，效率居于次要地位，常设法达到匹配状态，使负载获得最大功率。

【例 2-15】　如图 2-43 所示的电路，已知 $R_1 = 6\ \Omega$，$R_2 = 4\ \Omega$，$R_3 = 12\ \Omega$，$U_{S1} = 12$ V。若负载 R_L 可以任意改变，问 R_L 为何值时其获得最大功率？并求出该最大功率。

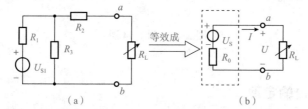

（a） （b）

图 2-43　例 2-15 图

解：将负载支路在 ab 处断开，其余二端网络用戴维南等效电路代替，如图 2-43 所示。图中等效电压源电压

$$U_S = \frac{R_3}{R_1 + R_2} \times U_{S1} = \frac{12}{6 + 12} \times 12 = 8(\text{V})$$

等效电阻

$$R_0 = R_2 + (R_1 \mathbin{/\!/} R_3) = 4 + (6 \mathbin{/\!/} 12) = 8(\Omega)$$

根据最大功率传输条件，当 $R_L = R_0 = 8\ \Omega$ 时，负载 R_L 将获得最大功率，其值为

$$P_{Lmax} \frac{U_S^2}{4R_0} = \frac{8^2}{4 \times 8} = 2(\text{W})$$

小问答

1. 支路电流法是以＿＿＿＿＿＿＿＿＿＿为未知量，列方程组求解的方法。
2. 叠加定理只适用于＿＿＿＿＿＿＿＿＿电路，它可以求＿＿＿＿＿＿＿＿＿，不能求_____。

2. 戴维南定理的内容：_____。

4. 当满足_____条件时，负载可以获得最大功率。

任务描述

　　本任务介绍了指针式万用表的结构和基本工作原理，并以典型的 FM47 型指针式万用表为例，详细介绍其电阻挡、电压挡、电流挡的工作原理。

学习要点

一、指针式万用表的结构

　　万用表是一种多功能、多量程的便携式电工仪表，一般的万用表可以测量直流电流、交直流电压和电阻，有些万用表还可测量电容、功率、晶体管共射极直流放大系数 hFE 等。MF47 型万用表是常用的指针式万用表，它具有 26 个基本量程，还有电平、电容、电感、晶体管直流参数等 7 个附加参考量程，是一种量限多、分挡细、灵敏度高、体形轻巧、性能稳定、过载保护可靠、读数清晰、使用方便的新型万用表。

　　指针式万用表的形式很多，但基本结构是类似的。万用表由机械部分、显示部分与电器部分三大部分组成。机械部分包括外壳、挡位开关旋钮及电刷等部分组成；显示部分是表头；电器部分由测量线路板、电位器、电阻、二极管、电容等部分组成。表头是万用表的测量显示装置，一般将要安装的指针式万用表采用控制显示面板＋表头一体化的结构；挡位开关用来选择被测电量的种类和量程；测量线路板将不同性质和大小的被测电量转换为表头所能接受的直流电流。万用表可以测量直流电流、直流电压、交流电压和电阻等多种电量。当转换开关拨到直流电流挡，可分别与 5 个接触点接通，用于测量 500 mA、50 mA、5 mA、500 μA、50 μA 量程的直流电流。同样，当转换开关拨到欧姆挡，可分别测量×1 Ω、×10 Ω、×100 Ω、×1 kΩ、×10 kΩ 量程的电阻；当转换开关拨到直流电压挡，可分别测量 0.25 V、1 V、2.5 V、10 V、50 V、250 V、500 V、1 000 V 量程的直流电压；当转换开关拨到交流电压挡，可分别测量 10 V、50 V、250 V、500 V、1 000 V 量程的交流电压。

二、指针式万用表的电路原理

(一)指针式万用表的基本工作原理

指针式万用表最基本的工作原理如图 2-44 所示。图中"－"为黑表笔插

万用表电路工作原理

孔，"＋"为红表笔插孔。测量电压和电流时，外部有电流通入表头，因此不须内接电池。当我们把挡位开关旋钮 SA 打到交流电压挡时，通过二极管 VD 整流，电阻 R_3 限流，由表头显示出来；当打到直流电压挡时不须二极管整流，仅须电阻 R_2 限流，表头即可显示；打到直流电流挡时，既不须二极管整流，也不须电阻 R_2 限流，表头即可显示；测量电阻时将转换开关 SA 拨到"Ω"挡，这时外部没有电流流入，因此必须使用内部电池作为电源，设外接的被测电阻为 R_X，表内的总电阻为 R，形成的电流为 I，由 R_X、电池 E、可调电位器 R_f、固定电阻 R_L 和表头部分组成闭合电路，形成的电流 I 使表头的指针偏转。红表笔与电池的负极相连，通过电池的正极与电位器 R_f 及固定电阻 R_L 相连，经过表头接到黑表棒与被测电阻 R_X 形成回路产生电流使表头显示。回路中的电流为

$$I = \frac{E}{R_X + R}$$

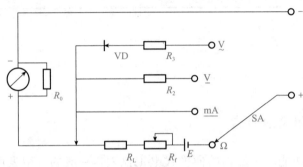

图 2-44　指针式万用表基本原理图

从上式可知，I 和被测电阻 R_X 不构成线性关系，所以，表盘上电阻标度尺的刻度是不均匀的。当电阻越小时，回路中的电流越大，指针的摆动越大，因此，电阻挡的标度尺刻度是反向刻度。

当万用表红黑两表笔直接连接时，相当于外接电阻最小 $R_X = 0$，那么

$$I = \frac{E}{R_X + R} = \frac{E}{R}$$

此时通过表头的电流最大，表头摆动最大，因此指针指向满刻度处，向右偏转最大，显示阻值为 0 Ω。此时注意看电阻挡的零位是在左边还是在右边，其余挡的零位是否与它一致；反之，当万用表红黑两表笔开路时 $R_X \to \infty$，R 可以忽略不计，那么

$$I = \frac{E}{R_X + R} \approx \frac{E}{R} \to 0$$

此时通过表头的电流最小，因此指针指向 0 刻度处，显示阻值为∞。

(二)MF47 型万用表的工作原理

我们要安装的 MF47 型万用表的原理图如图 2-45 所示。测量线路板如图 2-46 所示。

MF47 型万用表的显示表头是一个直流 μA 表，WH2 是电位器，用于调节表头回路中的电流大小，D3、D4 两个二极管反向并联并与电容并联，用于保护限制表头两端的电压，起保护表头的作用，使表头不至电压、电流过大而烧坏。表头及扩展电路原理图如图 2-47所示。

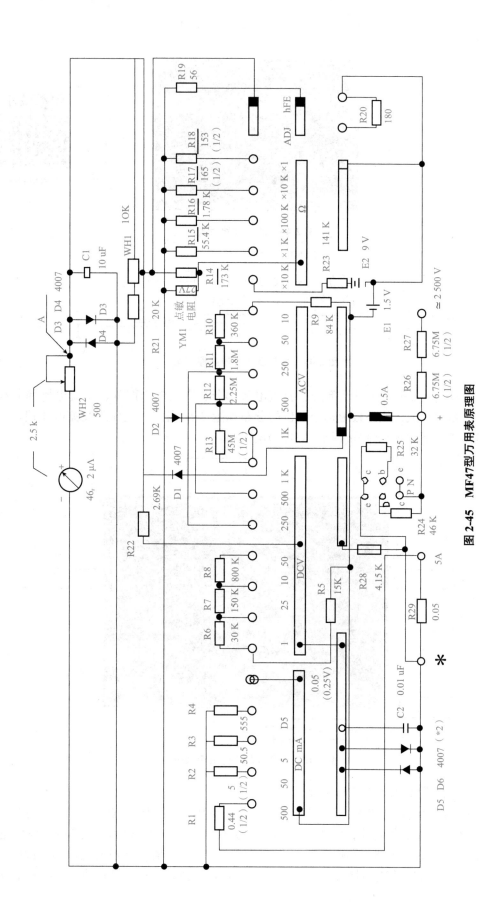

图 2-45 MF47型万用表原理图

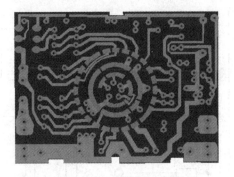

识别电路图

图 2-46　测量线路板图

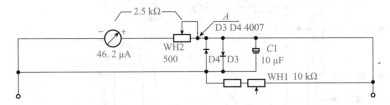

图 2-47　表头及扩展电路原理图

MF47 型万用表由公共显示部分、直流电流部分、直流电压部分、交流电压部分和电阻部分 5 个部分组成。线路板上每个挡位的分布如图 2-48 所示，上面为交流电压挡，左边为直流电压挡，下面为直流 mA 挡，右边为电阻挡。

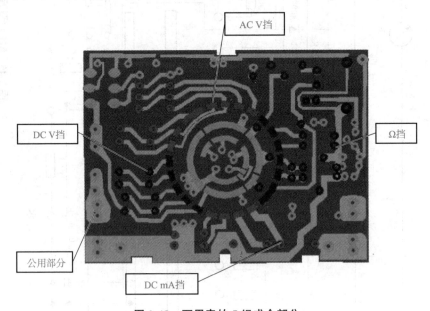

图 2-48　万用表的 5 组成个部分

1. MF47 万用表电阻挡工作原理

MF47 万用表电阻挡工作原理如图 2-49 所示。电阻挡可分为×1 Ω、×10 Ω、×100 Ω、×1 kΩ、×10 kΩ 5 个量程。例如，将挡位开关旋钮打到×1 Ω 时，外接被测电阻通过"−COM"端与公共显示部分相连；通过"＋"经过 0.5 A 熔断器连接到电池，再经过电刷旋钮与 R_{18} 相连，WH1 为电阻挡公用调零电位器，最后与公共显示部分形成回路，使表头偏转，测出阻值的大小。

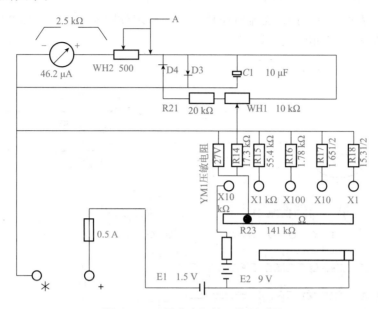

图 2-49　万用表电阻档工作原理图

2. MF47 万用表直流电流挡工作原理

MF47 万用表直流电流挡工作原理如图 2-50 所示。直流电流挡分为 500 mA、50 mA、5 mA、500 μA、50 μA 5 个量程。各量程的测量电路，学生可以自己动脑筋想一想应该怎么组成呢？

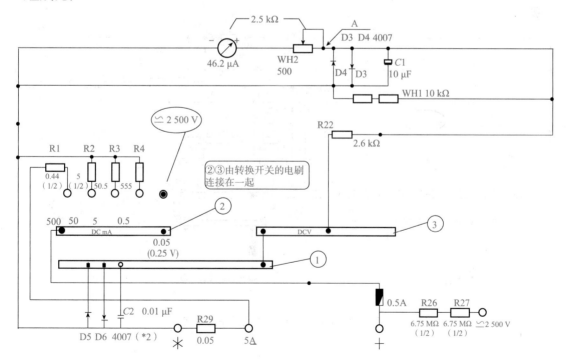

图 2-50　万用表直流电流挡工作原理

3. MF47万用表直流电压挡、交流电压挡工作原理

MF47万用表直流电压挡、交流电压挡的工作原理分别如图2-51、图2-52所示，请学生自己分析它们各量程的电路组成。

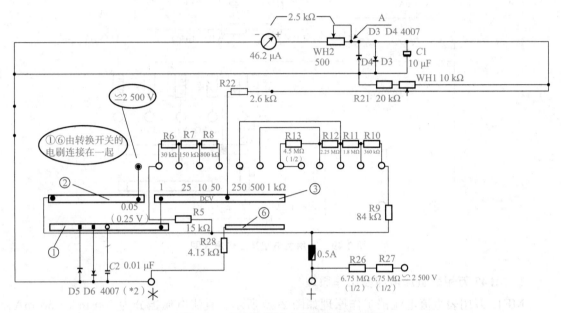

图 2-51　万用表直流电压挡工作原理图

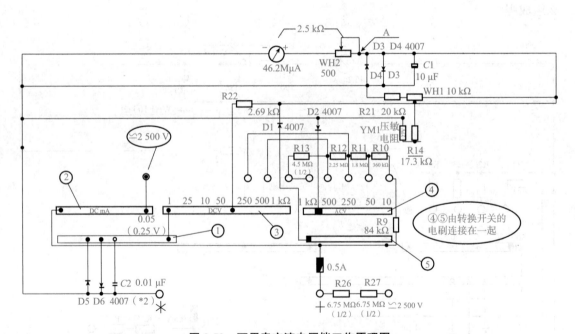

图 2-52　万用表交流电压挡工作原理图

任务四　常用电工工具和电工仪表的使用

任务描述

　　电工工具是电气操作的基本工具，电气操作人员必须掌握电工常用工具的结构、性能和正确使用方法。指针式万用表的制作离不开电工工具的使用，本任务介绍了电烙铁、印制电路板、剥线钳、钢丝钳、直流稳压电源、万用表等常用电工工具的使用方法。并且详细讲解了电阻、电容、电感的识别与检测。

常用电工
工具的使用

学习要点

一、电烙铁的使用

1. 电烙铁的结构与分类

　　电烙铁由发热组件、烙铁头、手柄、接线柱四个部分组成。发热组件是电烙铁的能量转换部分，俗称烙铁心；烙铁头是存储、传递能量的部分，烙铁头一般是用紫铜制成的；电烙铁的手柄一般用木料或胶木制成，如果设计不良，手柄的升温过高会影响操作；接线柱是发热组件同电源线的连接处，必须注意：一般电烙铁都有三个接线柱，其中一个是接金属外壳的，接线时应该用三芯线外壳接保护零线。

　　根据用途、结构的不同，电烙铁有以下几种分类方式：按加热方式分类，有直热式和感应式；按烙铁的发热能力分类，有 20 W，30 W……500 W 等；从功能上分，有单用式、两用式和调温式。此外，还有特别适用于野外维修使用的低压直流电烙铁和气体燃烧式烙铁。最常用的是单一焊接使用的直热式电烙铁。

　　电烙铁直接用 220 V 交流电源加热，电源线和外壳之间应是绝缘的，电源线和外壳之间的电阻应大于 200 MΩ。

　　电子爱好者通常使用 30 W、35 W、40 W、45 W、50 W 的烙铁。功率较大的电烙铁，其电热丝电阻较小。

2. 电烙铁的使用及注意事项

　　(1)电烙铁的使用。电烙铁拿法有反握法、正握法、握笔法三种，如图 2-53 所示。反握法动作稳定，长时间操作不宜疲劳，适用于大功率烙铁的操作；正握法适用于中等功率烙铁或带弯头电烙铁的操作；一般在操作台上焊印制板等焊件时多采用握笔法。

　　焊剂加热挥发出的化学物质对人体是有害的，如果操作时鼻子距离烙铁头太近，则很容易将有害气体吸入。一般烙铁离开鼻子的距离应至少不小于 30 cm，通常以 40 cm 为宜。

　　焊锡丝一般有两种拿法，如图 2-54 所示。由于焊丝成分中，铅占一定比例，但铅是对人体有害的重金属，因此，操作时应戴手套或操作后洗手，避免食入。

在不少学生中通行一种焊接操作法，即先用烙铁头沾上一些焊锡，然后将烙铁放到焊点上停留等待加热后焊锡润湿焊件。这种方法，不是正确的操作方法。虽然这样也可以将焊件焊起来，但却不能保证质量。正确的焊接方法应该分为五步，如图 2-55 所示。

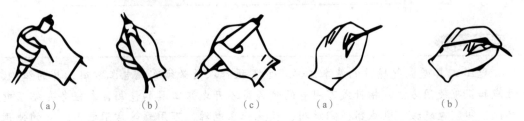

图 2-53　电烙铁的拿法
(a)反握法；(b)正握法；(c)握笔法

图 2-54　焊锡丝的两种拿法
(a)连续焊接时焊锡丝的拿法；
(b)断续焊接时焊锡丝的拿法

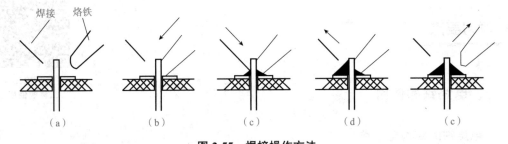

图 2-55　焊接操作方法
(a)准备；(b)加热；(c)加焊锡；(d)移开焊锡；(e)移开烙铁

1)准备施焊。准备好焊锡丝和烙铁，此时特别强调的是烙铁头部要保持干净，即可以沾上焊锡(俗称吃锡)。

2)加热焊件。将烙铁接触焊接点，注意首先要保证烙铁加热焊件各部分。例如，印刷电路板上引线和焊盘都使之受热；其次，要注意让烙铁头的扁平部分(较大部分)接触热容量较大的焊件，烙铁头的侧面或边缘部分接触热容量较小的焊件，以保持焊件均匀受热。

3)熔化焊料。当焊件加热到能熔化焊锡料的温度后将焊丝置于焊点，焊料开始熔化并润湿焊点。

4)移开焊锡。当熔化一定量的焊锡后将焊锡锡丝移开。

5)移开烙铁。当焊锡完全润湿焊点后移开烙铁，注意移开烙铁的方向应该是大致 45°的方向。

上述过程，对一般焊点而言 2~3 秒。对于热容量较小的焊点，例如，印刷电路板上的小焊盘，有时用三步法概括操作方法，即将上述步骤 2、3 合为一步，4、5 合为一步。实际上细微区分还是五步，所以五步法有普遍性，是掌握手工烙铁焊接的基本方法。特别是各步骤之间停留的时间，对保证焊接质量至关重要，只有通过实践才能逐步掌握。

(2)电烙铁的使用注意事项。

1)新买的烙铁在使用之前必须先给它蘸上一层锡(给烙铁通电，然后在烙铁加热到一定的时候就用锡条靠近烙铁头)，使用久了的烙铁将烙铁头部锉亮，然后通电加热升温，并将烙铁头蘸上一点松香，待松香冒烟时再上锡，使在烙铁头表面先镀上一层锡。

2)电烙铁通电后温度高达 250 ℃以上，不用时应放在烙铁架上，但较长时间不用时应切断电源，防止高温"烧死"烙铁头（被氧化）。要防止电烙铁烫坏其他元器件，尤其是电源线，若其绝缘层被烙铁烧坏而不注意便容易引发安全事故。

3）不要把电烙铁猛力敲打，以免震断电烙铁内部电热丝或引线而产生故障。

4）电烙铁使用一段时间后，可能在烙铁头部留有锡垢，在烙铁加热的条件下，可以使用湿布轻擦。如有出现凹坑或氧化块，应用细纹锉刀修复或直接更换烙铁头。

5）焊接时间不宜过长，否则容易烫坏元件，必要时可用镊子夹住管脚帮助散热。

6）焊点应呈正弦波峰形状，表面应光亮圆滑，无锡刺，锡量适中。

7）焊接完成后，要用酒精把线路板上残余的助焊剂清洗干净，以防炭化后的助焊剂影响电路正常工作。

8）集成电路应最后焊接，电烙铁要可靠接地，或者断电后利用余热焊接，或者使用集成电路专用插座，焊好插座后再把集成电路插上去。

二、印制电路板、剥线钳及钢丝钳的使用

（一）印制电路板的使用

印制电路板英文简称 PCB 或 PWB，是重要的电子部件，是电子元器件的支撑体，是电子元器件电气连接的提供者。由于它是采用电子印刷术制作的，故被称为"印刷"电路板。图 2-56 所示为印制电路板实例。

印制电路板的设计是以电路原理图为根据，实现电路设计者所需要的功能。印制电路板的设计主要是指版图设计，需要考虑外部连接的布局、内部电子元件的优化布局、金属连线和通孔的优化布局、电磁保护、热耗散等各种因素。优秀的版图设计可以节约生产成本，达到良好的电路性能和散热性能。简单的版图设计可以用手工实现，复杂的版图设计需要借助计算机辅助设计（CAD）实现。

图 2-56　印刷电路板实例

印制电路板根据电路层数可分为单面板、双面板和多层板。常见的多层板一般为 4 层板或 6 层板，复杂的多层板可达十几层。根据软硬可分为普通电路板和柔性电路板。

（二）剥线钳及钢丝钳的使用

剥线钳主要用于剥、削直径在 6 mm 以下的塑料或橡胶绝缘导线的绝缘层由钳头和手柄两部分组成。它的钳口工作部分有从 0.5～3 mm 的多个不同孔径的切口，以便剥、削不同规格的芯线绝缘层。剥线时，为了不损伤线芯，线头应放在大于线芯的切口上剥、削。剥线钳外形如图 2-57(a)所示。

钢丝钳是电工用于剪切或夹持导线、金属丝、工件的常用钳类工具。其外形如图 2-57(b)所示。其中，钳口用于弯绞和钳夹线头或其他金属、非金属物体；齿口用于旋动螺钉、螺母；刀口用于切断电线、起拔钢钉、剥削导线绝缘层等。

钢丝钳规格较多，电工常用的有 175 mm、200 mm 两种。电工用钢丝钳柄部加有耐压500 V 以上的塑料绝缘套。作业前，应检查绝缘套是否完好，绝缘套破损的钢丝钳不能使用。

属于钢丝钳类的常用工具还有尖嘴钳、断线钳等。

尖嘴钳：头部尖细、适用于在狭小空间操作。主要用于切断较小的导线、金属丝、夹持小螺钉、垫圈，并可将导线端头弯曲成型，如图2-57(c)所示。

断线钳：又名斜口钳、扁嘴钳，用于剪断较粗的电线或其他金属丝，其柄部带有绝缘管套，如图2-57(d)所示。

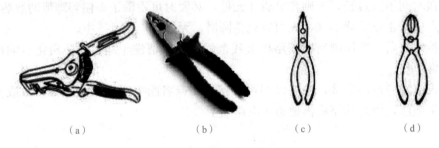

(a)   (b)   (c)   (d)

图2-57　剥线钳及钢丝钳

(a) 剥线钳；(b) 钢丝钳；(c) 尖嘴钳；(d)断线钳

三、常用电工仪表的使用及元器件的识别与检测

(一)直流稳压电源的使用

1. 直流稳压电源的结构、用途

电子设备都需要稳定的直流电源，功率较小的直流电源大多数都是将50 Hz的交流电经过整流、滤波和稳压后获得。整流电路用来将交流电压转换为单相脉动的直流电压；滤波电路用来滤除整流后单向脉冲电压中的交流成分，变成平滑的直流电压；稳压电路的作用是当输入交流电压波动时、负载和温度变化时，维持输出直流电压的稳定。

小功率直流电源由电源变压器、整流、滤波电路和稳压电路组成。随着人们对电的要求水平的提高，对直流电源的主要要求是输入电压变化及负载变化时，输出电压应保持稳定，即直流电压调整及输出电阻越小越好，同时，也要求纹波电压要小。直流稳压电源是一种将220 V工频交流电转换成稳定输出的直流电压的装置，它需要经过变压、整流、滤波、稳压四个环节才能完成。四个环节的工作原理如下：

(1)电源变压器。电源变压器是降压变压器，它将电网220 V交流电压变换成符合需要的交流电压，并送给整流电路，变压器的变比由变压器的副边电压确定。

(2)整流电路。整流电路将交流电压变换成脉动的直流电压，再经滤波电路滤除较大的纹波成分，输出纹波较小的直流电压。常用的整流电路有全波整流、桥式整流等。

(3)滤波电路。滤波电路可以将整流电路输出电压中的交流成分大部分加以滤除，从而得到比较平滑的直流电压。各滤波电容C满足$R_L-C=(3\sim5)T/2$，其中T为输入交流信号周期，R_L为整流滤波电路的等效负载电阻。

(4)稳压电路。稳压电路的功能是使输出的直流电压稳定，不随交流电网电压和负载的变化而变化。

2. 直流稳压电源的使用

图2-58所示为双路输出的直流稳压电源。

使用直流稳压电源应先熟悉面板上的旋钮、开关及其作用：电源开关用于接通 220 V 的市电；一般稳压电源都有两路或多路输出，每组输出都有各自的输出调节和输出接线端子；面板上的输出端钮有正、负和接地三种，电路若不需要接地，接地端可悬空。使用直流稳压电源严禁将输出端钮短路，也不要让输出电流超过额定值；使用完直流稳压电源应关掉仪器电源。

图 2-58　双路输出的直流稳压电源

(二)万用表的使用

万用表是一种多功能、多量程的便携式电工仪表，一般的万用表可以测量直流电流、直流电压、交流电压和电阻等。有些万用表还可测量电容、电感、功率、晶体管共射极直流放大系数 hFE 等。

1. 指针式万用表的结构、用途

万用表一般可分为指针式万用表和数字式万用表两种。我们现在常用的主要是 MF47 型指针式万用表，本节也以 MF47 型万用表为例介绍万用表的有关结构组成、使用方法及注意事项。如图 2-59 所示为指针式万用表的实物图。

表头采用高灵敏度的磁电式机构，是测量的显示装置；万用表的表头实际上是一个灵敏电流计。表头上的表盘印有多种符号、刻度线和数值，如图 2-60 所示。符号 A-V-Ω 表示这只电表是可以测量电流、电压和电阻的多用表。表盘上印有多条刻度线，其中右端标有"Ω"的是电阻刻度线，其右端为零，左端为∞，刻度值分布是不均匀的。符号"～"或"DC"表示直流，"～"或"AC"表示交流，"～"表示交流和直流共用的刻度线。刻度线下的几行数字是与选择开关的不同挡位相对应的刻度值。另外，表盘上还有一些表示表头参数的符号，如 DC 20 kΩ/V、AC 9 kΩ/V 等。表头上还设有机械零位调整旋钮(螺钉)，用以校正使指针在左端指向零位。

图 2-59　万用表实例　　　**图 2-60　万用表表盘**

万用表的转换开关(选择开关)是一个多挡位的旋转开关，用来选择测量项目和量程(或倍率)。一般的万用表测量项目包括："mA"：直流电流、"V"：直流电压、"V ～"：交流电压、"Ω"：电阻。每个测量项目又划分为几个不同的量程(或倍率)以供选择。

每台万用表都配有红、黑两只表笔。使用时应将红色表笔插入标有"＋"号的插孔中，黑色表笔插入标有"－"号的插孔中。另外，MF47 型万用表还提供 2 500 V 交直流电压扩大插孔及 5 A 的直流电流扩大插孔。使用时分别将红表笔移至对应插孔中即可。

2. 测电阻

万用表最常用的功能之一就是能测量各种规格电阻器的阻值。

电阻挡测量电阻的操作步骤如下：

(1)机械调零：将万用表按放置方式(MF47型是水平放置)放置好(一放)；看万用表指针是否指在左端的零刻度上(二看)；若指针不指在左端的零刻度上则用一字螺钉旋具调整机械调零螺钉，使之指零(三调节)。

(2)初测(试测)：把万用表的转换开关拨到 $R\times100$ 挡，红黑表笔分别接被测电阻的两引脚，进行测量，观察指针的指示位置。

(3)选择合适倍率：根据指针所指的位置选择合适的倍率。

1)合适倍率的选择标准：使指针指示在中值附近。最好不使用刻度左边三分之一的部分，这部分刻度密集，读数偏差较大，即指针尽量指在欧姆挡刻度尺的数字5~50。

2)快速选择合适倍率的选择方法：示数偏大，倍率增大；示数偏小，倍率减小。

注：示数偏大或偏小是指相对刻度尺上数字5~50的区间而言。在指针指在5的右边时称为示数偏小；指针指在50的左边时称为示数偏大。

(4)欧姆调零：倍率选好后要进行欧姆调零，将两表笔短接后，转动零欧姆调节旋钮，使指针指在电阻刻度尺右边的"0"Ω处。

(5)测量及读数：将红、黑表笔分别接触电阻的两端，读出电阻值大小。

读数方法：表头指针所指示的示数乘以所选的倍率值即为所测电阻的阻值。例如，选用 $R\times100$ 挡测量，指针指示40，则被测电阻值为 $40\times100=4\ 000(\Omega)=4\ k\Omega$。

电阻挡测量注意事项如下：

(1)当电阻连接在电路中时，首先应将电路的电源断开，决不允许带电测量。若带电测量，容易烧坏万用表，会使测量结果不准确。

(2)万用表内干电池的正极与面板上"—"号插孔相连，干电池的负极与面板上的"+"号插孔相连。在测量电解电容和晶体管等器件的电阻时要注意极性。

(3)每换一次倍率挡，都要重新进行欧姆调零。

(4)不允许用万用表电阻挡直接测量高灵敏度表头内阻。因为这样做可能使流过表头的电流超过其承受能力(微安级)而烧坏表头。

(5)不准用两只手同时捏住表笔的金属部分测电阻，否则会将人体电阻并接于被测电阻而引起测量误差，这样测得的阻值是人体电阻与待测电阻并联后的等效电阻的阻值，而不是待测电阻的阻值。

(6)电阻在路测量时可能会引起较大偏差，因为这样测得的阻值是部分电路电阻与待测电阻并联后的等效电阻的阻值，而不是待测电阻的阻值。最好将电阻的一只引脚焊开进行测量。

(7)用万用表不同倍率的欧姆挡测量非线性元件的等效电阻时，测出电阻值是不同的。这是由于各挡位的中值电阻和满度电流各不相同所造成的，在机械表中，一般倍率越小，测量出的阻值越小。

(8)测量晶体管、电解电容等有极性元件的等效电阻时，必须注意两支笔的极性(具体内容见电容器质量判别部分)。

(9)测量完毕，将转换开关置于交流电压最高挡或空挡。

3. 测电压

万用表可以用来测量各种直流、交流电压的大小。下面分别介绍万用表测直流电压、交流电压的方法及测量注意事项。

(1)测量直流电压。

MF47 型万用表的直流电压挡主要有 0.25 V、1 V、2.5 V、10 V、50 V、250 V、500 V、1 000 V、2 500 V 九挡。测量直流电压时，首先估计被测直流电压的大小，然后将转换开关拨至适当的电压量程(万用表直流电压挡标有"V"或标"DCV"符号)，将红表棒接被测电压"＋"端即高电位端，黑表棒接被测量电压"－"端即低电位端。然后根据所选量程与标直流符号"DC"刻度线(刻度盘的第二条线)上的指针所指数字，来读出被测电压的大小。例如，用直流 500 V 挡测量时，被测电压的大小最大可以读到 500 V 的指示数值。如用直流 50 V 挡测量时，这时万用表所测电压的最大值只有 50 V 了。

万用表测直流
电压和电流

万用表测电压的具体操作步骤如下：

1)更换万用表转换开关至合适挡位，弄清楚要测量的电压性质是直流电还是交流电，将转换开关转到对应的电压挡(直流电压挡或交流电压挡)。

2)选择合适量程。根据待测电路中电源电压大小大致估计被测直流电压的大小选择量程。若不清楚电压大小，应先用最高电压挡试触测量，后逐渐换用低电压挡直到找到合适的量程为止。电压挡合适量程的标准是指针尽量指在刻度盘的满偏刻度的 2/3 以上位置(要注意与电阻挡合适倍率标准有所不同)。

3)测量方法。万用表测电压时应使万用表与被测量电路相并联。将万用表红表笔接被测量电路的高电位端即直流电流流入该电路端，黑表笔接被测电路的低电位端即直流电流流出该电路端。例如，测量干电池的电压时，将红表棒接干电池的正极端，黑表棒接干电池的负极端。

4)正确读数：

①找到所读电压刻度尺：仔细观察表盘，直流电压挡刻度线应是表盘中的第二条刻度线。表盘第二条刻度线下方有 V 符号，表明该刻度线可用来读交直流电压、电流。

②选择合适的标度尺：在第二条刻度线的下方有三个不同的标度尺，0-50-100-150-200-250、0-10-20-30-40-50、0-2-4-6-8-10。根据所选用不同量程选择合适标度尺。例如，0.25 V、2.5 V、250 V 量程可选用 0-50-100-150-200-250 这一标度尺来读数；1 V、10 V、1 000 V 量程可选用 0-2-4-6-8-10 标度尺；50 V、500 V 量程可选用 0-10-20-30-40-50 这一标度尺，因为这样读数比较容易、方便。

③确定最小刻度单位：根据所选用的标度尺来确定最小刻度单位。例如，用 0-50-100-150-200-250 标度尺时，每一小格代表 5 个单位；用 0-10-20-30-40-50 标度尺时，每一小格代表 1 个单位；用 0-2-4-6-8-10 标度尺时，每一小格代表 0.2 个单位。

④读出指针示数大小：根据指针所指位置和所选标度尺读出示数大小。例如，指针指在 0-50-100-150-200-250 标度尺的 100 向右过 2 小格时，读数为 110。

⑤读出电压值大小：根据示数大小及所选量程读出所测电压值大小。例如，所选量程是 2.5 V，示数是 110(用 0-50-100-150-200-250 标度尺读数的)，则该所测电压值是

$$(110/250) \times 2.5 = 1.1(V)$$

⑥读数时，视线应正对指针。即只能看见指针实物而不能看见指针在弧形反光镜中的成像所读出的值。

如果被测的直流电压大于 1 000 V 时，则可将 1 000 V 挡扩展为 2 500 V 挡。方法很简单，转换开关置 1 000 V 量程，红表棒从原来的"＋"插孔中取出，插入标有 2 500 V 的插孔

中，即可测 2 500 V 以下的高电压了。

（2）测量交流电压。MF47 型万用表的交流电压挡主要有 10 V、50 V、250 V、500 V、1 000 V、2 500 V 六挡。交流电压挡的测量方法同直流电压挡测量方法相同，不同之处就是转换开关要放在交流电压挡处及红黑表笔搭接时不需再分高、低电位（正负极）。此处不再重复讲述交流电压测量方法。

4. 测电流

万用表除进行电阻、电压的测量外，最常用的另一个功能就是测量电流了。MF47 型万用表只能测量直流电流，而不能进行交流电流的测量（因为交流电流测量所需场合较少）。若要测量交流电流可选用 MF116 型万用表等有测量交流电流功能的万用表。

万用表测量直流电流步骤如下：

（1）机械调零。与测量电阻、电压相同，在使用之前都要对万用表进行机械调零。机械调零方法与前面测电阻、测电压的机械调零操作相同，此处不再重复述说。一般经常用的万用表不需每次都进行机械调零。

（2）选择量程。根据待测电路中电源的电流大致估计被测直流电流的大小，选择量程。若不清楚电流的大小，应先用最高电流挡（500 mA 挡）测量，逐渐换用低电流挡，直至找到合适的电流挡（标准同测电压）。

（3）测量方法。使用万用表电流挡测量电流时，应将万用表串联在被测电路中，因为只有串联连接才能使流过电流表的电流与被测支路电流相同。测量时，应断开被测支路，将万用表红、黑表笔串接在被断开的两点之间。特别应注意电流表不能并联接在被测电路中，这样做是很危险的，极易使万用表烧毁。同时，注意红、黑表笔的极性，红表笔要接在被测电路的电流流入端，黑表笔接在被测电路的电流流出端（与直流电压极性选择相同）。

（4）正确使用刻度和读数。万用表测量直流电流时选择表盘刻度线与测电压时相同，都是第二道（第二道刻度线的右边有 mA 符号）。其他刻度特点、读数方法与测电压相同。如果测量的电流大于 500 mA 时，可选用 5 A 挡。操作方法：转换开关置 500 mA 挡量程，红表棒从原来的"＋"插孔中取出，插入万用表右下角标有 5 A 的插孔中即可测 5 A 以下的大电流。

5. 指针式万用表使用的注意事项

（1）在使用万用表之前，应先进行"机械调零"，即在没有被测电量时，使万用表指针指在零电压或零电流的位置上。

（2）在使用万用表过程中，不能用手去接触表笔的金属部分，这样，一方面可以保证测量的准确；另一方面也可以保证人身安全。

（3）在测量某一电量时，不能在测量的同时换挡，尤其是在测量高电压或大电流时更应注意。否则，会使万用表毁坏。如需换挡，应先断开表笔，换挡后再去测量。

（4）万用表在使用时，必须水平放置，以免造成误差。同时，还要注意到避免外界磁场对万用表的影响。

（5）万用表使用完毕，应将转换开关置于交流电压的最大挡。如果长期不使用，还应将万用表内部的电池取出来，以免电池腐蚀表内其他器件。

6. 数字式万用表

数字式万用表是指测量结果主要以数字的方式显示的万用表，一数字万用表的实物图如图 2-61 所示。数字式万用表与指针式万用表相比，具有以下特点：

(1)采用大规模集成电路，提高了测量精度，减少了测量误差。

(2)以数字方式在屏幕上显示测量值，使读数变得更为直观、准确。

(3)增设了快速熔断器和过压、过流保护装置，使过载能力进一步加强。

(4)具有防磁抗干扰能力、测试数据稳定，能使万用表在强磁场中也能正常工作。

(5)具有自动调零、极性显示、超量程显示及低压指示功能。有的数字万用表还增加了语音自动报测数据装置，真正实现了会说话的智能型万用表。

数字万用表由功能转换器、A/D 转换器、LCD 显示器(液晶显示器)、电源和功能/量程转换开关等构成。它是一种能将被测量的数值直接以数字形式显示出来的一种电子测量仪表。

常用的数字万用表显示数字位数有三位半、四位半和五位半之分。对应的数字显示最大值分别为 1 999、19 999 和 199 999，并由此构成不同型号的数字万用表。

数字万用表的种类很多，现以实验室常用的 DT830 型数字万用表为例，介绍其结构、使用方法及注意事项。DT830 型数字万用表是一款三位半数字万用表。

(1)数字万用表的面板结构。DT830 型数字万用表的面板如图 2-62 所示。各部件的功能如下：

图 2-61　数字式万用表

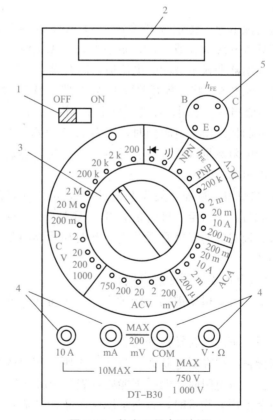

图 2-62　数字万用表面板图

1—电源开关；2—显示屏；3—量程转换开关；

4—输入插口；5—h_{FE}插口

1)电源开关：OFF 为关，ON 为开。

2)显示屏：显示被测量的大小，最大显示为 1 999 或－1 999，有自动调零及极性显示功能。

3)量程转换开关：开关所指各位置，其所测量的分别为：ACA—交流电流，DCA—直流电流，ACV—交流电压，DCV—直流电压，Ω—电阻，h_{FE}—三极管放大倍数。

4)输入插口：有 10 A、mA、COM、V.Ω 四个孔。黑表笔插在"COM"孔内，红表笔插在 10 A 孔内时，测量的最大电流为 10 A，插在 mA 孔内时，测量的最大电流为 200 mA，插在 V.Ω 孔内时，测量的交流电压不能超过 750 V，直流电压不能超过 1 000 V。

5)h_{FE}插口：为测量三极管放大倍数的专用插口。

(2)数字万用表的使用方法。

1)测量直流电压。将电源开关置于 ON(下同)，量程开关置于 DCV 范围内合适的量程上，把红表笔插入 V.Ω 插孔内，黑表笔插入 COM 插孔，将万用表并接在被测电路中，显示器即显示被测的直流电压值，同时，显示出红表笔一端的电压极性。

2)测量交流电压。将量程开关置于 ACV 挡，表笔接法与直流电压挡相同。交流电压挡的使用与直流电压挡基本相同，在此不再重复。此时显示器显示的是交流电压的有效值。

注意：不要测量高于 750 V 有效值的电压，虽然有可能读得读数，但可能会损坏万用表内部电路。

3)测量直流电流。将量程开关置于 DCA 范围内合适的量程上，黑表笔插入 COM 插孔，红表笔插入 mA 插孔或 10 A 插孔内(可根据被测电流的大小选择)，将万用表串联在被测电路中，显示器即显示被测的电流值，同时显示出红表笔一端的电流极性。

4)测量交流电流。将量程开关置于 ACA 挡，表笔接法与直流电流挡相同。交流电流挡的使用与直流电流挡基本相同，在此不再重复述说。此时显示器显示的是被测电流的有效值。

5)电阻的测量。使用电阻挡时，黑表笔接 COM 插孔，红表笔应接于 V.Ω 插孔内，量程开关应置于电阻测量区并选择合适的量程位置，然后将万用表与被测电阻并联，显示器将显示被测电阻的电阻值。

6)h_{FE}挡的使用。量程开关置于 h_{FE}挡时，可以测量晶体三极管共发射极连接时的电流放大系数。此时，先认定三极管是 PNP 型还是 NPN 型，然后再将三极管的 e、b、c 三个电极分别插入面板对应的三极管插孔内。此时显示器将显示出三极管 β 的近似值，测量结果只能作为参考。

(3)数字式万用表使用注意事项。

1)测量前一定要根据被测量的种类、大小将转换开关拨至合适的位置，避免误用而损坏万用表。

2)使用时，不能旋转转换开关。

3)电阻测量必须在断电状态下进行，否则，测得的数值将是从原电路两测试点看进去的等效电阻。测量电阻时，两手不能碰触表笔金属部分，以免引入人体电阻。

4)用数字万用表测量时，若显示器仅在最高位显示"1"，其他各位均不显示，则表明已超过量程，应选择更高量程。

5)数字万用表的红表笔是接表内电池的正极，黑表笔是接表内电池的负极，这一点与模拟万用表正好相反。在检测有极性的元件时，必须注意表笔的极性。

6)每次测量完毕，将选择开关旋至 OFF 挡，若无此挡，将转换开关拨到交流电压最大量程挡。万用表长期不用时，应取出电池，防止电池漏液腐蚀和损坏万用表内零件。

四、常用元器件的识别与测量

(一)电阻的识别与测量

1. 电阻的分类

(1)固定电阻。固定电阻器的阻值不变，一般有薄膜电阻器、线绕电阻器。图 2-63 所示为常见的固定电阻器实体。

图 2-63　固定电阻器实体

(2)可变电阻器。可变电阻器的阻值可在一定的范围内变化，具有三个引出端，常称为电位器。

(3)敏感电阻器。敏感电阻器的阻值对温度、电压、光通、机械力、湿度及气体浓度等表现敏感，根据对应的表现敏感的物理量不同，可分为热敏、压敏、光敏、力敏、湿敏及气敏等主要类型。敏感电阻所用的电阻器材料几乎都是半导体材料，所以又称为半导体电阻器。

2. 电阻器的主要指标

电阻器的主要指标有标称阻值、允许误差、额定功率。一般都用数字或色环标注在表面。

(1)电阻器色环标示方法。电阻器色标法是将电阻器的主要参数用不同颜色直接标示在产品上的一种方法。采用色环标注电阻器，颜色醒目，标示清晰，不易褪色，从各方位都能看清楚阻值和误差，有利于电子设备的装配、调试和检修，因此，国际上广泛采用色环标示法。表 2-1 列出了固定电阻器的色标符号及其意义。

色环电阻的色环是按从左至右的顺序依次排列的，最左边为第一环。一般电阻器有四色环，第一、第二色环代表电阻器的第一、二位有效数字，第三色环代表倍乘，第四色环代表允许误差。例如，阻值是 36 000 Ω，允许误差为 ±5% 的电阻器。其色环标示如图 2-64 (a)所示。精密电阻器用三位有效数字表示，所以它一般有五环。例如，阻值为 1.87 kΩ、允许误差为 ±1% 的精密电阻器。其色环如图 2-64(b)所示。

表 2-1　电阻器的色标符号及其意义

色环颜色	有效数字	倍乘	允许误差	色环颜色	有效数字	倍乘	允许误差
银	—	10^2	±10%	绿	5	10^5	±0.5%
金	—	10^1	±5%	蓝	6	10^6	±0.2%
黑	0	10^0	—	紫	7	10^7	±0.1%
棕	1	10^1	±1%	灰	8	10^8	—
红	2	10^2	±2%	白	9	10^9	±5%、±20%
橙	3	10^3	—	无标识	—	—	±20%
黄	4	10^4	—				

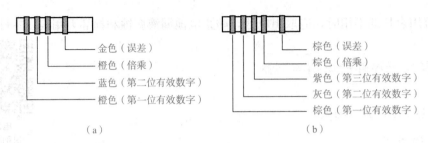

金色（误差）	棕色（误差）
橙色（倍乘）	棕色（倍乘）
蓝色（第二位有效数字）	紫色（第三位有效数字）
橙色（第一位有效数字）	灰色（第二位有效数字）
	棕色（第一位有效数字）
（a）	（b）

图 2-64　电阻器色环标示

色环电阻是应用于各种电子设备的最多的电阻类型，无论怎样安装，维修者都能方便地读出其阻值，便于检测和更换。但在实践中发现，有些色环电阻的排列顺序不甚分明，往往容易读错，在识别时，可运用如下技巧加以判断：

技巧 1：先找标志误差的色环，从而排定色环顺序。最常用的表示电阻误差的颜色是金、银、棕，尤其是金环和银环，一般很少用作电阻色环的第一环，所以在电阻上只要有金环和银环，就可以基本认定这是色环电阻的最末一环。

技巧 2：棕色环是否是误差标志的判别。棕色环既常用作误差环，又常作为有效数字环，且常常在第一环和最末一环中同时出现，使人很难识别谁是第一环。在实践中，可以按照色环之间的间隔加以判别，如对于一个五道色环的电阻而言，第四环和第五环之间的间隔比第一环和第二环之间的间隔要宽一些，据此可判定色环的排列顺序。

技巧 3：在仅靠色环间距还无法判定色环顺序的情况下，还可以利用电阻的生产序列值来加以判别。例如，有一个电阻的色环读序是棕、黑、黑、黄、棕，其值为 $100 \times 10\,000 = 1(M\Omega)$，误差为 1%，属于正常的电阻系列值，若是反顺序读：棕、黄、黑、黑、棕，其值为 $140 \times 1 = 140(\Omega)$，误差为 1%。显然按照后一种排序所读出的电阻值，在电阻的生产系列中是没有的，故后一种色环顺序是不对的。

（2）电阻器选用。电阻器应根据其规格、性能指标，以及在电路中的作用和技术要求来选用。具体原则是：电阻器的标称阻值与电路的要求相符；额定功率要比电阻器在电路中实际消耗的功率大 1.5～2 倍；允许误差应在要求的范围之内。

（3）检测电阻器。

1）电阻器的检测一般分两步完成：

①观察外表，电阻器应标志清晰，保护层完好，帽盖与电阻体结合紧密，无断裂和无烧焦现象。电位器应转动灵活，手感接触均匀；若带有开关，应听到开关接通时清脆的"叭哒"声。

②检测电阻器标称值，先将万用表的功能转换开关置"Ω"挡，量程转换开关置合适挡。将两根测试笔短接，表头指针应在刻度线零点，若不在零点，则要调节"Ω"旋钮（零欧姆调整电位器）回零。调回零后，即可将被测电阻串接于两根表笔之间，此时表头指针偏转，待稳定后可从刻度线上直接读出所示数值，再乘以事先所选择的量程，即可得到被测电阻的阻值。当另换一量程时，必须再次短接两测试笔，重新调零。需要注意的是，在测量电阻时，不能用双手同时捏电阻或测试笔，这样，人体电阻将与被测电阻并联，表头上指示值就不单纯是被测电阻的阻值了。当测量精度要求较高时，采用电阻电桥来测量电阻。

2）电阻器使用时应注意以下几点：

①焊接电阻时要快，长时间受热会使电阻变值或烧坏。

②弯曲电阻引线时，弯折处离根部距离一般应大于 5 mm，以免引线脱落或电阻器两端金属帽松脱。

③使用前应检测电阻的实际值，安装时，电阻符号标志应向上，以便观察。

④电阻器连接在电路中使用时，其功耗和两端电压均不可超过它的额定值。

(二)电容的选择与检测

1. 电容器的选择

电容电感元件的
识别与检测

电容器是一种储能元件，在电路中常用于耦合、滤波、旁路、调谐和能量转换等，也是电子电路中用量最大的电子器件之一。

选择电容器的基本依据是所要求的容量和耐压，所选电容器的额定电压要高于电路的实际电压。实际选择时，在满足容量和耐压的基础上，可根据容量大小，按下述方法简捷地确定电容器类型。低频、低阻抗的耦合、旁路、退耦电路，以及电源滤波等电路，常可选用几微法以上大容量电容器，其中以电解电容器应用最广，选用这种大容量电容器时重点考虑其工作电压和环境温度，其他参数一般能满足要求。对于要求较高的电路，如长延时电路，可采用钽或铌为介质的优质电容器。小容量电容器是指容量在几微法以下乃至几皮法的电容器，多数用于频率较高的电路中。普通纸介电容器可满足一般电路的要求。但对于振荡电路、接收机的高频和中频变压器及脉冲电路中决定时间因素的电容器，因要求稳定性好，或要求介质损耗小，应选用薄膜、瓷介甚至云母电容等。表 2-2 为几种常用电容器的结构和特点。

表 2-2　几种常用电容器的结构和特点

电容种类	型号	应用特点
纸介电容器	CZ	体积小，容量较大，因固有电感和损耗比较大，适用于低频电路
云母电容器	CY	介质损耗小，绝缘电阻高，但容量小，适用于高频电路
陶瓷电容器	CC	体积小，耐热性好，损耗小，绝缘性电阻高，但容量小，适用于高频电路
薄膜电容器	CL、CB	介质常数较高，体积小，容量大，稳定性较好，适用于旁路电容
金属化纸介电容器	CJ	体积小，容量大，适用于低频电路
铝电解电容器	CD	容量大，但漏电大，稳定性差，有正负极性，适用于电源滤波或低频电路

2. 电容器的检测

(1)电容器的质量检测。电容器的常见故障有漏电、断路、击穿短路和容量减小、变质失效及破损等，使用前应予以检查。电容器漏电检查一般采用如下方法：对于 5 000 pF 以上的电容器，用万用表电阻挡 $R \times 10$ kΩ 量程，先使电容器放电(用一支表笔使电容器两极短路)，再将两表笔分别接触电容器两极，表头指针应先向顺时针方向跳转一下，然后慢慢逆向复原，退至 $R = \infty$ 处。若不能复原，表示电容器漏电，如测得电容器两端电阻为 0 Ω，表示电容器已经短路。稳定后的阻值即电容器漏电的电阻值，一般为几百兆至几千兆欧。阻值越大，电容器绝缘性能越好。

(2)判别的电容器容量。从外部感观判别电容器的好坏，是指损坏特征较明显的电容器，如爆裂，电解质渗出，引脚锈蚀等情况，可以直接观察到损坏特征。

判别的电容器容量也可以用万用表，对于 5 000 pF 以上的电容器，将万用表拨至最高电阻挡，表笔接触电容器两极，表头指针应先偏转，然后逐渐复原。将两表笔对调后再测量，表头指针又偏转，且偏转得更快，幅度更大，然后又逐渐复原，这就是电容充电、放电的情况。电容器容量越大，表头指针偏转越大，复原速度越慢。若在最高电阻挡下表针都不偏转，说明电容器内部断路了。结合平时测量经验，可估算电容器的容量。

（3）电解电容器极性的判别。电解电容器正接时漏电小、反接时漏电大。据此，用万用表正、反两次测量其漏电阻值，漏电阻值大（即漏电小）的一次中，黑表笔所接触的是正极。

需要注意的是给容量较大、电路工作电压较高电解电容器放电时，尽量避免直接短路放电，因直接短路放电会产生很大的放电电流，产生的热量容易损坏电解电容器的极板和电极。应采用功率较大的电阻器，或借用电烙铁的电源插头（加热芯电阻）对准两引脚使电容放电。

(三)电感的选择与检测

1. 电感的选择

电感器是用漆包线在绝缘骨架上绕制而成的一种能够存储磁场能量的电气元件，又称电感线圈。电感器在电路中有通直流阻交流、通低频阻高频的作用。电感器有固定电感器和可变电感器，有带磁芯和不带磁芯的电感器，有适用高频和低频的电感器。

选择电感器的主要参数是电感量、品质因数、分布电容和稳定性。一般电感量越大，抑制电流变化的能力越强；品质因数越高，线圈工作时损耗越小；根据线路工作电流选择电感器的额定电流，一般应使工作电流小于电感器的额定电流。线圈是磁感应元件，它对周围电感性元件有影响。安装时一定要注意电感性元件之间相互靠近的电感线圈其轴线互相垂直。

电感器的分布电容是线圈的匝间及层间绝缘介质形成的，工作频率越高，分布电容的作用越显著。电感器的参数受温度影响越小，电感器的稳定性越高。

2. 电感的检测

为了判断电感线圈的好坏，可用万用表欧姆挡测其直流阻值，若阻值过大甚至为∞，则为线圈断线；若阻值很小，则为短路。但是，内部局部短路一般难以测出，也可以用电桥法、谐振回路法来测量。

项目实施

随着科学水平的不断提高，越来越多的电子产品出现在我们身边。如果电子产品损坏，我们可以用万用表对损坏的电子产品进行检测，那么如何来制作一台指针式万用表呢？

一、清点材料

参考材料配套清单，并注意要按材料清单一一对应，记清每个元件的名称与外形。打开时请小心，不要将塑料袋撕破，以免材料丢失。清点材料时请将表箱后盖当容器，将所有的东西都放在里面。清点完后请将材料放回塑料袋备用。暂时不用的请放在塑料袋里。弹簧和钢珠一定不要丢失。

制作
一台万用表

(1)电阻(图 2-65)。

黄、绿或蓝颜色的电阻　　　　分流器1个　　　　　　压敏电阻1个
共28个

图 2-65　电阻

(2)可调电阻(图 2-66)。轻轻拧动电位器的黑色旋钮,可以调节电位器的阻值;用十字螺钉旋具轻轻拧动可调电阻的橙色旋钮,也可调节可调电阻的阻值。

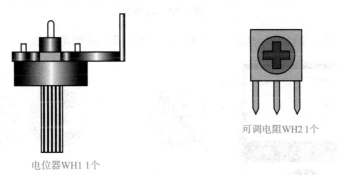

电位器WH1 1个　　　　　　　　可调电阻WH2 1个

图 2-66　可调电阻

(3)二极管、保险丝夹(图 2-67)。

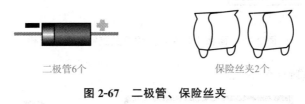

二极管6个　　　　　　保险丝夹2个

图 2-67　二极管、保险丝夹

(4)电容(图 2-68)。

电解电容1个　　　　　　涤沦电容1个

图 2-68　电容

(5)保险丝、连接线、短接线(图 2-69)。

保险丝管1个　　　　　连接线4根+短接线1根

图 2-69　保险丝、连接线、短接线

（6）线路板（图 2-70）。

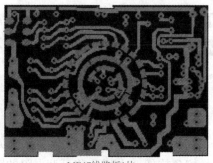

MF47线路板1块

图 2-70　线路板

（7）面板＋表头、挡位开关旋钮、电刷旋钮（图 2-71）及电池盖板。

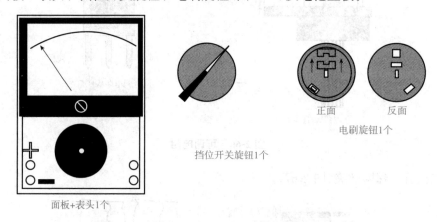

面板+表头1个　　　　挡位开关旋钮1个　　　正面　　　反面

电刷旋钮1个

图 2-71　面板＋表头、挡位开关旋钮、电刷旋钮

（8）提把、提把铆钉（图 2-72）。

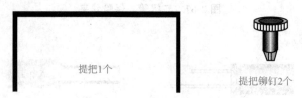

提把1个　　　　　　　　　　提把铆钉2个

图 2-72　提把、提把铆钉

（9）电位器旋钮、晶体管插座、后盖（图 2-73）。

电位器旋钮1个　　晶体管插座1个

后盖1个

图 2-73　电位器旋钮、晶体管插座、后盖

(10)电池夹、V形电刷、晶体管插片、输入插管(图2-74)。

1只　　3只　　　　V形电刷1个　　　　晶体管插片6片　　　　输入插管4只

电池极片

图2-74　电池夹、V形电刷、晶体管插片、输入插管

(11)红黑表笔各一支(图2-75)。

红、黑表笔各一支

图2-75　表笔

二、检测元件

在安装前要学会辨别二极管、电容及电阻的不同形状，并学会分辨元件的大小与极性。

1. 二极管极性的判断

判断二极管极性时可用实习室提供的万用表，将红表棒插在"＋"，黑表棒插在"－"，将二极管搭接在表笔两端，观察万用表指针的偏转情况，如果指针偏向右边，显示阻值很小，表示二极管与黑表笔连接的为正极，与红表笔连接的为负极；反之，如果指针偏转很小，显示阻值很大，那么与红表连接的为正极，与黑表笔连接的为负极。

2. 电解电容极性的判断

注意观察在电解电容侧面有"－"号的是负极，如果电解电容上没有标明正负极，也可以根据它引脚的长短来判断，长脚为正极，短脚为负极(图2-76)。

如果已经把引脚剪短，并且电容上没有标明正负极，那么可以用万用表来判断，判断的方法是正接时漏电流小(阻值大)，反接时漏电流大。

图2-76　电解电容极性的判断

3. 识别电阻

练习识读电阻，对照材料配套清单，检查电阻的阻值是否正确(参照后面元器件的识别与测量)。

三、焊接前的准备工作

1. 清除元件表面的氧化层

元件经过长期存放，会在元件表面形成氧化层，不但使元件难以焊接，而且影响焊接质量。因此，当元件表面存在氧化层时，应首先清除元件表面的氧化层。注意用力不能过猛，以免使元件引脚受伤或折断。清除元件表面的氧化层的方法是左手捏住电阻或其他元件的本体，右手用锯条轻刮元件引脚的表面，左手慢慢地转动，直到表面氧化层全部去除。为了使电池夹易于焊接，要用尖嘴钳前端的齿口部分将电池夹的焊接点锉毛，去除氧化层。

2. 元件引脚的弯制成形

左手用镊子紧靠电阻的本体，夹紧元件的引脚，使引脚的弯折处，距离元件的本体有两毫米以上的间隙。左手夹紧镊子，右手食指将引脚弯成直角。注意：不能用左手捏住元件本体，右手紧贴元件本体进行弯制。因为如果这样，引脚的根部在弯制过程中容易受力而损坏。元件弯制后的形状(图 2-77)，引脚之间的距离，根据线路板孔距而定，引脚修剪后的长度大约为 8 mm，如果孔距较小，元件较大，应将引脚往回弯折成形[图 2-77(c)、(d)]。电容的引脚可以弯成直角，将电容水平安装[图 2-77(e)]，或弯成梯形，将电容垂直安装[图 2-77(h)]。二极管可以水平安装，当孔距很小时应垂直安装[图 2-77(i)]，为了将二极管的引脚弯成美观的圆形，应用螺钉旋具辅助弯制。将螺钉旋具紧靠二极管引脚的根部，十字交叉，左手捏紧交叉点，右手食指将引脚向下弯，直到两引脚平行。

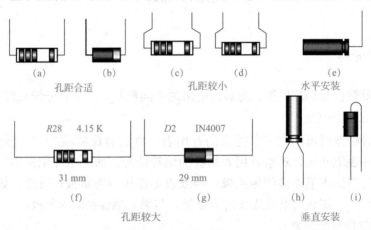

图 2-77　元件弯制后的形状

有的元件安装孔距离较大，应根据线路板上对应的孔距弯曲成型。元器件做好后应按规格型号的标注方法进行读数。将胶带轻轻贴在纸上，把元器件插入、贴牢，写上元器件规格型号值，然后将胶带贴紧备用。注意：不要把元器件引脚剪太短。

焊接技巧

3. 焊接练习

焊接前一定要注意，烙铁的插头必须插在右手的插座上，不能插在靠左手的插座上；如果是左撇子就插在左手。烙铁通电前应将烙铁的电线拉直并检查电线的绝缘层是否有损坏，不能让电线缠在手上。通电后应将电烙铁插在烙铁架中，并检查烙铁头是否会碰到电线、书包或其他易燃物品。

烙铁在加热过程中及加热后都不能用手触摸烙铁的发热金属部分，以免烫伤或触电。烙铁架上的海绵要事先加水。

(1)烙铁头的保护。为了便于使用，烙铁在每次使用后都要进行维修，将烙铁头上的黑色氧化层锉去，露出铜的本色，在烙铁加热的过程中要注意观察烙铁头表面的颜色变化，随着颜色的变深，烙铁的温度渐渐升高，这时要及时把焊锡丝点到烙铁头上，焊锡丝在一定温度时熔化，将烙铁头镀锡，保护烙铁头，镀锡后的烙铁头为白色。

（2）烙铁头上多余锡的处理。如果烙铁头上挂有很多的锡，不易焊接，可在烙铁架中带水的海绵上或在烙铁架的钢丝上抹去多余的锡。不可在工作台或其他地方抹去。

（3）在练习板上焊接。练习时注意不断总结，把握加热时间、送锡量，不能在一个点加热时间过长，否则会使线路板的焊盘烫坏。注意应尽量排列整齐，以便前后对比，改进不足。

焊接时先将电烙铁在线路板上加热，大约两秒钟后，送焊锡丝，观察焊锡量，不能太多，造成堆焊；也不能太少，造成虚焊。当焊锡熔化，发出光泽时焊接温度最佳，应立即将焊锡丝移开，再将电烙铁移开。为了在加热中使加热面积最大，要将烙铁头的斜面靠在元件引脚上，烙铁头的顶尖抵在线路板的焊盘上。焊点高度一般在 2 mm 左右，直径应与焊盘相一致，引脚应高出焊点大约 0.5 mm。

（4）元器件的插放。将弯制成型的元器件对照图纸插放到线路板上。注意：一定不能插错位置；二极管、电解电容要注意极性；电阻插放时要求读数方向排列整齐，横排的必须从左向右读，竖排的从下向上读，保证读数一致。

（5）元器件参数的检测。每个元器件在焊接前都要用万用表检测其参数是否在规定的范围内。二极管、电解电容要检查它们的极性，电阻要测量阻值。

四、安装指针式万用表

1. 元器件的焊接

在焊接练习板上练习合格，对照图纸插放元器件，用万用表校验，检查每个元器件插放是否正确、整齐，二极管、电解电容极性是否正确，电阻读数的方向是否一致，全部合格后方可进行元器件的焊接。

焊接完成后的元器件，要求排列整齐，高度一致。焊接时，电阻不能离开线路板太远，也不能紧贴线路板焊接，以免影响电阻的散热。

应先焊水平放置的元器件，后焊垂直放置的或体积较大的元器件，如分流器、可调电阻等。

焊接时不允许使用电烙铁运载焊锡丝，因为烙铁头的温度很高，焊锡在高温下会使助焊剂分解挥发，易造成虚焊等焊接缺陷。

当元件焊错时，要将错焊元件的拔除。先检查焊错的元器件应该焊接在什么位置，正确位置的引脚长度是多少，如果引脚较短，为了便于拔出，应先将引脚剪短。在烙铁架上清除烙铁头上的焊锡，将线路板绿色的焊接面朝下，用烙铁将元器件脚上的锡尽量刮除，然后将线路板竖直放置，用镊子在黄色面将元件引脚轻轻夹住，在绿色面，用烙铁轻轻烫，同时用镊子将元件向相反方向拔除。拔除后，焊盘孔容易堵塞，有两种方法可以解决这一问题。

烙铁稍烫焊盘，用镊子夹住一根废元件脚，将堵塞的孔通开；将元器件做成正确的形状，并将引脚剪到合适的长度，镊子夹住元件，放在被堵塞孔的背面，用烙铁在焊盘上加热，将元件推入焊盘孔中。注意用力要轻，不能将焊盘推离线路板，使焊盘与线路板之间形成间隙或使焊盘与线路板脱开。

2. 电位器的安装

电位器安装时，应先测量电位器引脚间的阻值，电位器共有五个引脚(图 2-78)，其中三个并排的引脚中，1、3 两点为固定触点，2 为可动触点，当旋钮转动时，1、2 或 2、3 间的阻值发生变化。电位器实质上是一个滑线电阻，电位器的两个粗的引脚主要用于固定电位器。安装时应捏住电位器的外壳，平稳地插入，不应使某一个引脚受力过大。不能捏住电位器的引脚安装，以免损坏电位器。安装前应用万用表测量电位器的阻值，1、3 之间的阻值应为 10 kΩ，拧动电位器的黑色小旋钮，测量 1 与 2 或 2 与 3 之间的阻值应在 0～10 kΩ 间变化。如果没有阻值，或者阻值不改变，说明电位器已经损坏，不能安装，否则 5 个引脚焊接后，要更换电位器就非常困难。

注意：电位器要安装在线路板的焊接绿色面，不能安装在黄色面。

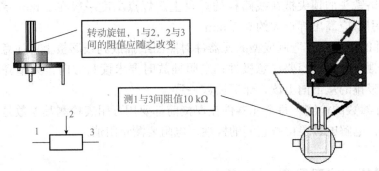

图 2-78　点位器阻值的测量

3. 分流器的安装

安装分流器时要注意，不能让分流器影响线路板及其余电阻的安装。

4. 输入插管的安装

输入插管安装在绿色面是用来插表棒的，因此一定要焊接牢固。将其插入线路板中，用尖嘴钳在黄色面轻轻捏紧，将其固定，一定要注意垂直，然后将两个固定点焊接牢固。

5. 晶体管插座的安装

晶体管插座安装在线路板绿色面，用于判断晶体管的极性。在绿面的左上角有 6 个椭圆的焊盘，中间有两个小孔，用于晶体管插座的定位，将其放入小孔中检查是否合适，如果小孔直径小于定位凸起物，应用锥子稍微将孔扩大，使定位凸起物能够插入。

将晶体管插片(图 2-79)插入晶体管插座中，检查是否松动，将其伸出部分折平[图 2-79(c)]。

晶体管插片安装好后，将晶体管插座安装在线路板上，定位，检查是否垂直，并将 6 个椭圆的焊盘焊接牢固。

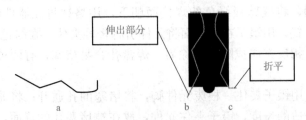

图 2-79　集体管插片的弯制与固定

6. 焊接时的注意事项

焊接时一定要注意电刷轨道上一定不能粘上锡，否则会严重影响电刷的运转。为了防止电刷轨道粘锡，切忌用烙铁运载焊锡。由于在焊接过程中有时会产生气泡，使焊锡飞溅到电刷轨道上，因此应用一张圆形厚纸垫在线路板上。

如果电刷轨道上粘了锡，应将其绿色面朝下，用没有焊锡的烙铁将锡尽量刮除。但由于线路板上的金属与焊锡的亲和性强，一般不能刮尽，只能用小刀稍微修平整。

在每个焊点加热的时间不能过长，否则会使焊盘脱开或脱离线路板。对焊点进行修整时，要让焊点有一定的冷却时间，否则不但会使焊盘脱开或脱离线路板，而且会使元器件温度过高而损坏。

7. 电池极板的焊接

焊接前先要检查电池极板的松紧，如果太紧应将其调整。调整的方法是用尖嘴钳将电池极板侧面的突起物稍微夹平，使它能顺利地插入电池极板插座，且不松动。电池极板安装的位置（图 2-80）。平极板与突极板不能对调，否则电路无法接通。

焊接时应将电池极板拨起，否则高温会把电池极板插座的塑料烫坏。为了便于焊接，应先用尖嘴钳的齿口将其焊接部位部分锉毛，去除氧化层。用加热的烙铁沾一些松香放在焊接点上，再加焊锡，为其搪锡。

将连接线线头剥出，如果是多股线应立即将其拧紧，然后沾松香并搪锡（提供的连接线已经搪锡）。用烙铁运载少量焊锡，烫开电池极板上已有的锡，迅速将连接线插入并移开烙铁。如果时间稍长将会使连接线的绝缘层烫化，影响其绝缘。连接线焊好后将电池极板压下，安装到位。

8. 电刷的安装

将电刷旋钮的电刷安装卡转向朝上，V 形电刷有一个缺口，应该放在左下角，因为线路板的 3 条电刷轨道中间 2 条间隙较小，外侧 2 条间隙较大，与电刷相对应，当缺口在左下角时电刷接触点上面 2 个相距较远，下面 2 个相距较近，一定不能放错（图 2-81）。电刷四周都要卡入电刷安装槽内，用手轻轻按，看是否有弹性并能自动复位。如果电刷安装的方向不对，将使万用表失效或损坏。

图 2-80 电池基板安装的位置

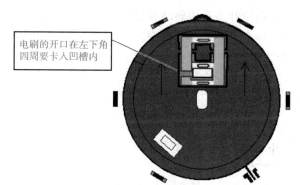

电刷的开口在左下角四周要卡入凹槽内

图 2-81 电刷的安装

9. 线路板的安装

电刷安装正确后方可安装线路板。安装线路板前应先检查线路板焊点的质量及高度，特别是在外侧两圈轨道中的焊点，由于电刷要从中通过，安装前一定要检查焊点高度，不能超过 2 mm，直径不能太大，如果焊点太高会影响电刷的正常转动甚至刮断电刷。

线路板用三个固定卡固定在面板背面，将线路板水平放在固定卡上，依次卡入即可。如果要拆下重装，依次轻轻扳动固定卡。注意：在安装线路板前先应将表头连接线焊上。

最后是装电池和后盖，装后盖时左手拿面板，稍高，右手拿后盖，稍低，将后盖从下向上推入面板，拧上螺栓，注意拧螺栓时用力不可太大或太猛，以免将螺孔拧坏。

五、故障的排除

万用表的调试

1. 万用表没任何反应

（1）表头、表棒损坏。

（2）接线错误。

（3）保险丝没装或损坏。

（4）电池极板装错。如果将两种电池极板位置装反，电池两极无法与电池极板接触，电阻挡就无法工作。

（5）电刷装错。

2. 电压指针反偏

电压指针反偏一般是表头引线极性接反。如果 DCA、DCV 正常，ACV 指针反偏，则为二极管 D1 接反。

3. 测电压示值不准

测电压示值不准一般是焊接有问题，应对被怀疑的焊点重新处理。

六、考核要求

（1）无错装漏装。
（2）挡位开关旋钮转动灵活。
（3）焊点大小合适、美观。
（4）无虚焊，调试符合要求。
（5）器件无丢失损坏。
（6）能正确使用各个挡位。

小问答

1. 如何判断二极管、电解电容的极性？

2. 焊接电路板时应注意哪些问题？

3. 通过安装、调试万用表，你有哪些收获？

项 目 小 结

1. 电路是由若干电气设备或元器件按一定方式用导线连接而成的电流通路。通常由电源、负载及中间环节三部分组成。

2. 电路在工作时有通路、短路、断路三种工作状态。

3. 用电阻、电感、电容等理想化电路元器件近似模拟实际电路中的每个电工设备或电子元件，再根据这些元器件的连接方式，用理想导线连接起来，这种由理想化电路元器件构成的电路就是实际电路的电路模型。

4. 凡是向电路提供能量或信号的设备称为电源。常见的电源有发电机、干电池和各种信号源。电源有电压源和电流源两种类型。

5. 基尔霍夫定律包括基尔霍夫电流定律和基尔霍夫电压定律，是分析与计算电路的基本定律，适用于各种线性及非线性电路的分析运算。

6. 支路电流法是以支路电流为未知量，根据基尔霍夫两条定律，分别对节点和回路列出与未知数数目相等的独立方程，从而解出各未知量的方法。

7. 叠加定理的内容为：对于线性电路，当电路中有两个或两个以上的独立源作用时，任何一条支路的电流(或电压)，等于电路中每个独立源分别单独作用时，在该支路所产生的电流(或电压)的代数和。

8. 戴维南定理指出：任何一个线性有源二端网络，无论其结构如何复杂，都可以用一个等效电压源代替，等效电压源的电动势 U_S 等于有源二端网络的开路电压 U_O，等效电压源的内阻 R_0 等于有源二端网络中所有电源均除去(理想电压源短路，理想电流源开路)后所得到的无源二端网络的等效电阻。

9. MF47型万用表是常用的指针式万用表，它具有26个基本量程，还有电平、电容、电感、晶体管直流参数等7个附加参考量程，是一种量限多、分挡细、灵敏度高、体形轻巧、性能稳定、过载保护可靠、读数清晰、使用方便的新型万用表。

10. 电烙铁拿法有反握法、正握法、握笔法三种。

11. 电阻器的主要指标有标称阻值、允许误差、额定功率。一般都用数字或色环标注在表面。

12. 电容器是一种储能元器件，在电路中常用于耦合、滤波、旁路、调谐和能量转换等，也是电子电路中用量最大的电子元器件之一。

13. 电感器是用漆包线在绝缘骨架上绕制而成的一种能够存储磁场能量的电气元器件，又称电感线圈。电感器在电路中有通直流阻交流、通低频阻高频的作用。

14. 焊接时一定要注意电刷轨道上一定不能粘上锡，否则会严重影响电刷的运转。如果电刷轨道上粘了锡，应将其绿色面朝下，用没有焊锡的烙铁将锡尽量刮除。

15. 在每个焊点加热的时间不能过长，否则会使焊盘脱开或脱离线路板。

16. 如果焊接好并组装完的万用表出现指针没有反应、指针反偏、测电压示数不准确等情况，需要按照要求进行调试。

世界上最早的万用表

1820 年，第一个用于检测电流的指针表——检流计（Galvonometer）面世，配合惠斯通电桥（Wheatstone Bridge）可以将待测量未知的电阻和电压与已知电压、电阻进行比较，进而测量相关的电压、电流、电阻等。但在实验室使用这种方式进行测量费事费力，方不方便。这个装置烦琐复杂，不易携带（图 2-82）。

图 2-82　检流计

检流计只能大体反映出是否存在电流，无法给出电流大小的精确数值。而采用活动线圈机构（D'Arsonval 传动机构）的电流表则可以显示电流的大小。

使用精细漆包线绕制的空心线圈悬挂在永磁铁磁极内，在通过的直流电流后可以产生旋转力矩从而带动指针转动。被设计成圆环状的磁场使得通有电流线圈所受到的安培力与角度无关，配上一根屏细的金属弹簧丝产生回复力矩，使得指针转动的角度与线圈通过的电流之间成正比。这种装置被称为 D'Arsonval 传动机构（图 2-83），现在仍然被广泛使用在各类指针式模拟电子表头中。

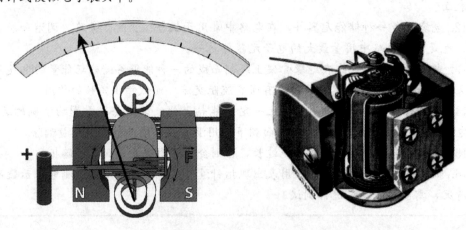

图 2-83　D'Arsonal 传动机构

基于活动线圈机构的电流表不再需要惠斯通电桥便可便捷测量电流大小。在此基础上，通过增加分流电阻、串联电阻及稳定的直流电源，便可以测量不同挡位范围的电压、电流、电阻了。

19世纪20年代，随着电子管设备越来越被广泛使用，万用表就孕育而生了。第一个现代意义上的万用表是英国邮电局的工程师Donald Macaie在1920年发明的。在他的工作中，为了维修通信设施，需要不断测量电路中的电压、电流、电阻等。他受不了同时携带多种电表的麻烦，于是研制出了可以同时测量电压、电流和电阻的万用表，当时被称为安伏欧万用表（Avometer）（图2-84）。

图 2-84　Donald Macadie 的万用表

安伏欧万用表采用活动线圈机构指针电流表，外配精密分压电阻和分流电阻，使用挡位开关和插座来选择测量类别和流程范围。

Macadie 将他设计的 Avometer 转让给自动绕线和电气设备公司（ACWEEC，建于1923年），当年就变成商品生产销售了。

课后习题

一、填空题

1. 小功率直流稳压电源由____、____、____和____四部分组成。

2. 电路在工作时有____、____、____三种工作状态。

3. 关联参考方向是指_____，非关联参考方向是指_____。

4. 电压与电位的关系是_____。

5. 电压、电流取关联参考方向时，电阻元器件的伏安关系式：_____；电容元件的伏安关系式：_____；电感元件的伏安关系式：_____。

6. 理想电压源的两个特点：_____、_____；理想电流源的两个特点：_____、_____。

7. 基尔霍夫电流定律的内容_____；基尔霍夫电压定律的内容_____。

8. 当负载满足_____时，负载获得最大功率，此时负载获得的最大功率是_____。

习题讲解

二、判断题

1. 所有的回路都是网孔。（　　　）

2. 理想电压源可以等效变换成理想的电流源。（　　　）

3. 戴维南定理是对线性有源二端网络进行等效变换，把它变换成一个理想的电压源与一个电阻相串联的形式。（　　　）

4. 可以利用叠加定理计算电压、电流和电功率。（　　　）

5. 叠加定理适用于所有的线性电路。（　　　）

6. 基尔霍夫电流定律通常用于节点，也可应用于包围部分电路的任一假设的闭合面。（　　　）

7. 基尔霍夫电压定律适用于闭合回路，不能用于不闭合的电路中。（　　　）

8. 电阻、电容和电感都是耗能元器件。（　　　）

9. 电路中各点电位值的大小是相对的，两点间的电压值是绝对的。（　　　）

10. 色环电阻的最后一环是误差环。（　　　）

三、选择题

1. 五环电阻的色环依次是红红黑黑棕，则这个电阻的阻值是（　　　）Ω。

A. 220　　　　　　　　B. 2 200　　　　　　　　C. 22 000

2. 两个 20 Ω 的电阻相并联，总电阻是（　　　）Ω。

A. 40　　　　　　　　B. 10　　　　　　　　C. 15

3. 电路中 A 点的电位是 15 V，B 点的电位是 8 V，则 U_{AB} 的值是（　　　）V。

A. −7　　　　　　　　B. 23　　　　　　　　C. 7

4. 检测电容的好坏应用万用表的（　　　）挡。

A. 电压　　　　　　　B. 电流　　　　　　　C. 电阻

5. 选择电解电容，要考虑电容的（　　　）。

A. 容量　　　　　　　B. 额定电压　　　　　　C. 容量和额定电压

6. 用万用表测电压，万用表与被测元件应（　　　）。

A. 并联　　　　　　　B. 串联　　　　　　　C. 并联或串联

四、分析计算题

1. 图 2-85 所示为电流或电压的参考方向，试判别其实际方向。

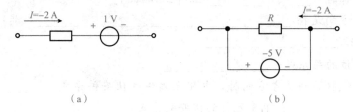

（a）　　　　　　　　　　　　　　　　　　　（b）

图 2-85　分析计算题 1 图

2. 图 2-86 中，已知 $\varphi_a = -5$ V、$\varphi_b = 3$ V，求 U_{ac}、U_{bc}、U_{ab}，若改 b 点为参考点，求 φ_a、φ_b、φ_c，并再求 U_{ac}、U_{bc}、U_{ab}，从计算结果可说明什么道理？

3. 求图 2-87 所示的电路中，A 点的电位。

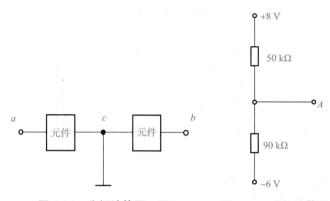

图 2-86 分析计算题 2 图   图 2-87 分析计算题 3 图

4. 在图 2-88 中，在开关 S 断开和闭合的两种情况下，试求 A 点的电位。

5. 在如图 2-89 所示的电路中，$I_1 = 3$ mA，$I_2 = 1$ mA，试求：(1)电路元器件 3 中的电流 I_3 和其两端的电压 U_3；(2)判断元器件 3 是电源还是负载；(3)验证电路的功率是否平衡。

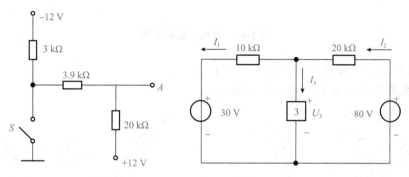

图 2-88 分析计算题 4 图   图 2-89 分析计算题 5 图

6. 在图 2-90 所示的电路中，五个方框代表电源或负载，电流、电压的参考方向如图 2-87 所示，现测得：$I_1 = -4$ A，$I_2 = 6$ A，$I_3 = 10$ A，$U_1 = 140$ V，$U_2 = -90$ V，$U_3 = 60$ V，$U_4 = -80$ V，$U_5 = 30$ V。

(1)试标出各电流、电压的实际方向。

(2)判断哪些元器件是电源？哪些元器件为负载？

(3)计算各元器件的功率，验证电路的功率是否平衡？

7. 试计算图 2-91 所示的电路在开关 S 闭合与断开两种情况下的电压 U_{ab} 和 U_{cd}。

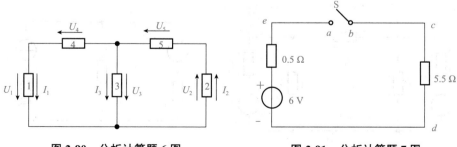

图 2-90 分析计算题 6 图   图 2-91 分析计算题 7 图

8. 试求图 2-92 所示各电路 a、b 两端的等效电阻 R_{ab}。

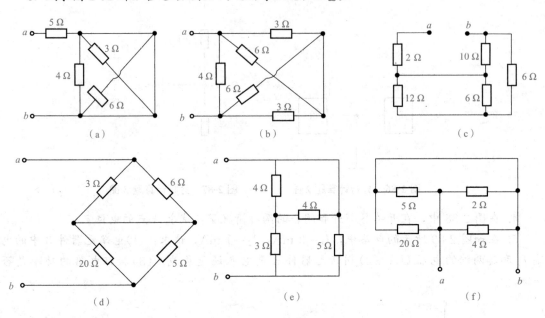

图 2-92　分析计算题 8 图

9. 试求图 2-93 所示的电路中未知电流 I_4 和 I_6。

10. 试求图 2-94 所示的电路中未知电流 I。

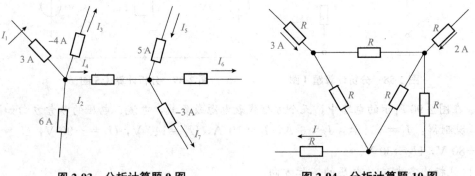

图 2-93　分析计算题 9 图　　　图 2-94　分析计算题 10 图

11. 在图 2-95 所示的电路中，已知 $U_{S1}=45$ V，$U_{S2}=48$ V，$R_1=5$ Ω，$R_2=3$ Ω，$R_3=20$ Ω，$R_4=42$ Ω，$R_5=2$ Ω。求各支路电流。

12. 试求图 2-96 中各支路电流。

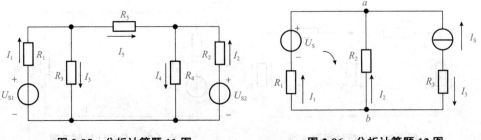

图 2-95　分析计算题 11 图　　　图 2-96　分析计算题 12 图

13. 求图 2-97 中各电路的戴维南等效电路。

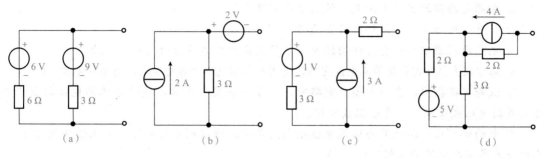

图 2-97　分析计算题 12 图

14. 用戴维南定理求图 2-98 电路中的电流。

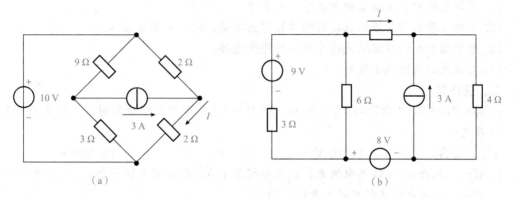

图 2-98　分析计算题 14 图

15. 用戴维南定理求图 2-99 电路中的电流 I。

16. 用叠加定理求图 2-100 电路中的电流 I。

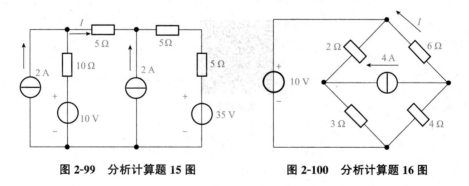

图 2-99　分析计算题 15 图　　　　**图 2-100　分析计算题 16 图**

电工证初级考试真题

一、判断题

1. 绘制图样时所采用的比例为图样中机件要素的线性尺寸与实际机件相应要素的线性尺寸之比。（　　）

2. 感应电动势的大小与穿过线圈的磁通量的多少成正比。（　　　）

3. 电源电动势的实际方向是由低电位指向高电位。（　　　）

4. 在直流电路中，常用棕色标示正极。（　　　）

5. 电气原理图中的所有元件均按未通电状态或无外力作用时的状态画出。（　　　）

6. 基尔霍夫第一定律是节点电流定律，是用来证明电路上各电流之间关系的定律。（　　　）

7. 欧姆定律指出，在一个闭合电路中，当导体温度不变时，通过导体的电流与加在导体两端的电压成反比，与其电阻成正比。（　　　）

8. 电动势的正方向规定为从低电位指向高电位，所以测量时电压表应正极接电源负极、而电压表负极接电源的正极。（　　　）

9. 电流的大小用电流表来测量，测量时将其并联在电路中。（　　　）

10. 过载是指线路中的电流大于线路的计算电流或允许载流量。（　　　）

11. 并联电路中各支路上的电流不一定相等。（　　　）

12. 当电容器测量时万用表指针摆动后停止不动，说明电容器短路。（　　　）

13. 电容器放电的方法就是将其两端用导线连接。（　　　）

14. 电流表的内阻越小越好。（　　　）

二、选择题

1. 标有"100 Ω，4 W"和标有"100 Ω，25 W"的两个电阻串联使用时，允许加的最高电压是（　　　）。

　　A. 40 V　　　　　　B. 70 V　　　　　　C. 140 V　　　　　　D. 220 V。

2. 有一内阻为 0.15 Ω 的电流表，最大量程是 1 A，现给它并联一个 0.05 Ω 的小电阻，则这个电流表的量程可扩大为（　　　）。

　　A. 3 A　　　　　　B. 4 A　　　　　　C. 6 A　　　　　　D. 9 A

3. 万用表电压量程 2.5 V 是当指针指在（　　　）位置时电压值为 2.5 V。

　　A. 1/2 量程　　　　　B. 满量程　　　　　C. 2/3 量程

真题答案

项目三 家用日光灯电路安装测试

项目描述

人们日常生活中的电灯、冰箱、洗衣机、电热水器、空调等所采用的电路一般为交流电路，照明电路是人们日常生活中使用最为频繁的交流电路。本项目介绍了正弦交流电的认知、正弦交流电路的分析、谐振电路的分析计算、家用日光灯电路的安装测试。

项目分解

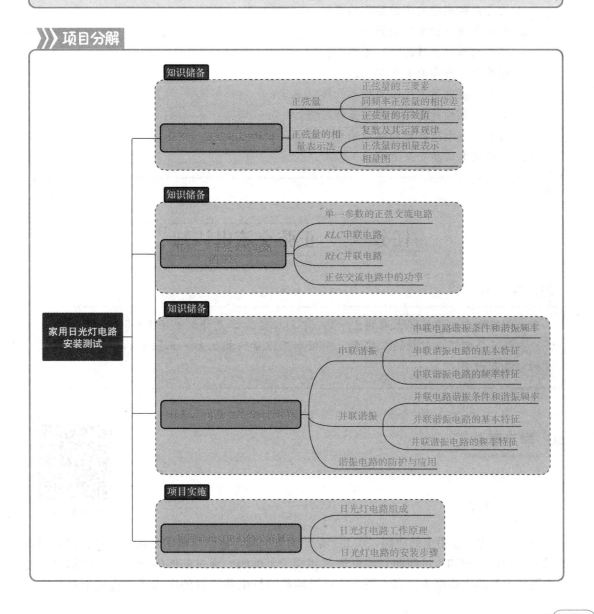

知识目标

1. 了解正弦交流电的产生、特点，掌握正弦交流电的三要素；

2. 会分析、计算单一参数的正弦交流电路；

3. 会分析、计算 *RLC* 串联电路、*RLC* 并联电路；

4. 会计算正弦交流电路的功率；

5. 掌握日光灯电路的组成，能分析日光灯电路的工作原理。

技能目标

1. 能正确连接、安装日光灯电路；

2. 能正确测试日光灯电路。

素质目标

1. 培养分组实验的团结协作的精神；

2. 培养电路设计中的创新意识；

3. 培养选择元器件的辩证思维；

4. 培养合理布局的美学观念；

5. 培养连接电路用线长短的节约环保意识；

6. 培养工具摆放整齐有序的良好习惯；

7. 培养检查电路并排除故障的专业技能；

8. 培养通电实验安全意识。

任务一　正弦交流电认知

任务描述

我们经常在灯泡铭牌上看到 220 V-/50 Hz，220 V 是什么电压呢？50 Hz 又是什么呢？本任务介绍了正弦量的三要素，同频率正弦量的相位差，正弦量的有效值及正弦量的向量表示法。

学习要点

认识正弦量

一、正弦量

如图 3-1 所示是手电筒电路，图 3-2 是照明灯电路，这两个电路是我们最熟悉的，那么流过手电筒的电流和流过照明灯的电流是相同类型的吗？通过前面的学习，我们知道流过手电筒的电流是直流电流。那么图 3-2 所示的照明灯电路流过的电流还是直流电流吗？当然不是，而是我们最熟悉的交流电流。如图 3-3、图 3-4 所示为日光灯电路的结构图和原理图。在生产和生活中，交流电应用得非常广泛，如工业用的电机、电磁阀等；生活中的电视、计算机、照明灯、冰箱、空调等家用电器。既是像收音机、复读机等采用直流电源的家用电器，也是通过稳压电源将交流电转变为直流电后使用。这些电器设备的电路模型在交流电路中的规律与直流电路中的规律是不同的，因此，分析交流电路的特征及相应电路模型的交流响应是我们的重要任务。

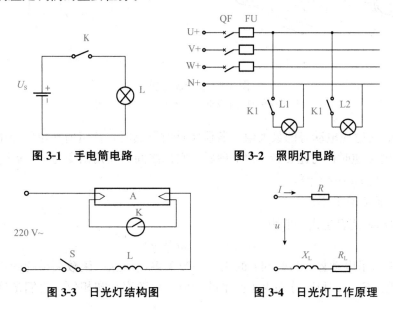

图 3-1　手电筒电路　　　　　图 3-2　照明灯电路

图 3-3　日光灯结构图　　　　　图 3-4　日光灯工作原理

(一)正弦量的三要素

1. 交流电的产生

获得交流电的方法有多种，但大多数交流电是由交流发电机产生的。图 3-5(a)所示为最简单的交流发电机示意，标有 N、S 的为两个静止磁极。磁极间放置一个可以绕轴旋转的铁心，铁心上绕有线圈 a、b、b'、a'，线圈两端分别与两个铜质滑环相连。滑环固定在转轴上，并与转轴绝缘。每个滑环上安放一个静止的电刷，用来将线圈中感应出来的正弦交变电动势与外电路相连。

由铁心、线圈、滑环等所组成的转动部分叫作电枢。电枢被原动机拖动以角速度 ω 匀速旋转时，线圈的 ab 和 $a'b'$ 边因切割磁力线而产生感应电动势。由于线圈对称布置在铁心表面上，所以任一瞬间，线圈两边导体中的感应电动势总是大小相等而方向相反，总的感应电动势等于每边导体感应电动势的两倍。

设线圈每边导体处于磁场中的长度为 l，导体所在处磁感应强度为 B，铁心表面任一点的速度为 v，则线圈的感应电动势 $e=2Blv$。

磁感应强度 B 在 O-O' 平面(即磁极的分界面，称中性面)处为零，在磁极中心处最大($B=B_m$)，沿着铁心的表面按正弦规律分布，如图 3-5(b)所示。若用 α 表示线圈表面与中性面的夹角，则该点的磁感应强度为 $B=B_m\sin\alpha$，所以，线圈的感应电动势 $e=2lvB_m\sin\alpha=E_m\sin\alpha$。

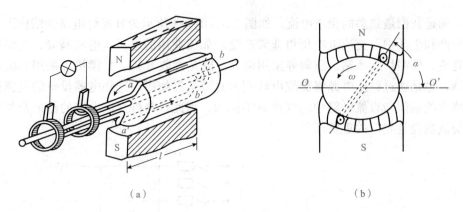

(a) (b)

图 3-5 交流发电机

(a)最简单的交流发电机；(b)感应强度分布图

上式中 E_m 为感应电动势的最大值。若假定计时开始时，绕组所在位置与中性面的夹角为 φ，以角速度 ω 逆时针匀速旋转，经 t 秒后，它们之间的夹角则变为 $\alpha = \omega t + \varphi$，因此，上式又可写为 $e = E_m \sin(\omega t + \varphi)$。

2. 正弦交流电的三要素

正弦量的瞬时值表达式一般为

$$e = E_m \sin(\omega t + \varphi) \tag{3-1}$$

式(3-1)表示了电动势 e 与时间 t 的正弦函数关系，而这一函数关系的确定取决于 E_m、ω、φ 三个参数。E_m、ω 和 φ 分别为正弦量的幅值、角频率和初相位，它们是确定正弦量的三要素。

(1)幅值。

1)瞬时值：用来描述交流电在变化过程中任一时刻的值。瞬时值是时间的函数，如图 3-6 中的电动势。瞬时值规定用小写字母表示，如 e、u、i。

2)幅值：瞬时值中的最大值。图 3-6 中的最大值便是交流电的幅值。幅值规定用大写字母加脚标 m 表示，如 I_m、E_m、U_m 等。

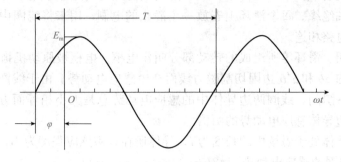

图 3-6 正弦交流电波形图

(2)频率。

1)角频率：单位时间内交流电变化的角度称为正弦量的角频率，用 ω 表示，单位是 rad/s(弧度/秒)。

2)周期：正弦交流电变化一周所需的时间称为周期，用 T 表示，单位是 s(秒)。

3)频率：每秒钟内交流电变化的次数，称为交流电的频率，用 f 表示，单位是 Hz（赫兹）。

我国和大多数国家都采用 50 Hz 作为电力工业的标准频率，称为工频。

角频率与频率、周期之间，有以下的关系：

$$\omega = \frac{2\pi}{T} = 2\pi f \tag{3-2}$$

（3）初相位。

1）相位：正弦交流电随时间变化，电角度 $(\omega t + \varphi)$ 叫作正弦交流电的相位角，简称相位。

2）初相：$t = 0$ 时的相位角叫作初相角（或初相位），简称初相。初相角 φ 的绝对值不超过 $180°$。

综上所述，正弦交流电的最大值、频率和初相叫作正弦交流电的三要素。三要素描述了正弦交流电的大小、变化快慢和起始状态。当三要素决定后，就可以唯一地确定一个正弦交流电了。

（二）同频率正弦量的相位差

两个同频率的正弦交流电的相位之差叫作相位差。相位差表示两正弦量到达最大值的先后差距。

如已知 $u = U_m \sin(\omega t + \varphi_1)$，$i = I_m \sin(\omega t + \varphi_2)$，则 u 和 i 的相位差为

$$\varphi = (\omega t + \varphi_1) - (\omega t + \varphi_2) = \varphi_1 - \varphi_2 \tag{3-3}$$

这表明两个同频率的正弦交流电的相位差等于初相之差。

若两个同频率的正弦交流电的相位差中 $\varphi_1 - \varphi_2 > 0$，称 u 超前于 i；若 $\varphi_1 - \varphi_2 < 0$，称 u 滞后于 i；若 $\varphi_1 - \varphi_2 = 0$，称 u 和 i 同相；若相位差 $\varphi_1 - \varphi_2 = \pm 90°$，则称 u 和 i 正交；若相位差 $\varphi_1 - \varphi_2 = \pm 180°$，则称 u 和 i 反相，如图 3-7 所示。

必须指出，在比较两个正弦交流电之间的相位时，两正弦量一定要同频率才有意义。否则随着时间不同，两正弦量之间的相位差是一个变量，就没有意义了。

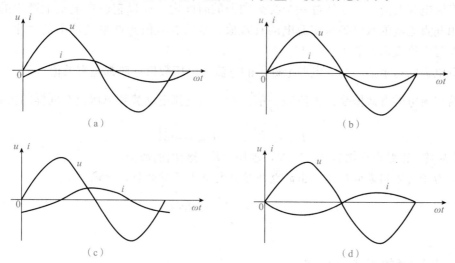

图 3-7 两正弦量的相位差
(a)电压超前于电流；(b)电压与电流同相；(c)电压与电流正交；(d)电压与电流反相

【例 3-1】 如图 3-8 所示的正弦交流电，写出它们的瞬时值表达式。

解：i_1、i_2、i_3 瞬时值为

$$\begin{cases} i_1 = 5\sin\omega t \, A \\ i_2 = 8\sin\left(\omega t + \dfrac{\pi}{6}\right)A \\ i_3 = 8\sin\left(\omega t - \dfrac{\pi}{2}\right)A \end{cases}$$

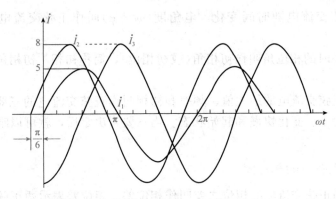

图 3-8　例 3-1 正弦交流电波形图

【例 3-2】 已知正弦交流电：$i_1 = 5\sin\omega t A$，$i_2 = 10\sin(\omega t + 45°)A$，$i_3 = 50\sin(2\omega t - 45°)A$，求：$i_1$ 和 i_2 相位差，i_2 和 i_3 相位差。

解：i_2，i_3 频率不同，相位差无意义。i_1 和 i_2 相位差为

$$\varphi_{1,2} = \omega t - (\omega t + 45°) = -45°$$

表明 i_1 滞后于 i_2 45°。

(三)正弦量的有效值

正弦量的有效值：交变电流的有效值是根据热效应确定的。即在相同的电阻 R 中，分别通入直流电和交流电，在经过一个交流周期的时间内，如果它们在电阻上产生的热量相等，则用此直流电的数值表示交流电的有效值。常用有效值来衡量交流电的大小。有效值规定用大写字母表示，如 E、I、U。

交流电表的指示值和交流电器上标示的电流、电压数值一般都是有效值。

正弦交流电的有效值是最大值的 $\dfrac{1}{\sqrt{2}}$ 倍。对正弦交流电动势和电压也有同样的关系

$$E_m = \sqrt{2}E \qquad U_m = \sqrt{2}U \tag{3-4}$$

【例 3-3】 正弦电压振幅为 311 V，求用万用表测出的数值。

解：由于用万用表电压挡测出的电压值是交流电的有效值，所以

$$U = \frac{U_m}{\sqrt{2}} = \frac{311}{\sqrt{2}} = 220(\text{V})$$

二、正弦量的相量表示法

同频率正弦量相加、减，可以用解析式的方法，还可以用波形图逐点描绘的方法，但

这两种方法都不简便；要计算几个同频率的正弦量的相加、相减，常采用相量法。复数和复数运算是相量法的数学基础。

(一)复数及其运算规律

1. 复数的表达形式

设 A 为一复数，其实部和虚部分别为 a 和 b，则 $A=a+jb$。其中 j 是虚部的单位，此式为复数的代数形式。复数还可以用矢量表示，如图 3-9（a）所示。其中 $|A|$ 表示复数 A 的大小，称为复数的模；φ 是矢量的方向角，称为复数的幅角。

$$|A|=\sqrt{a^2+b^2}$$

$$\varphi=\arctan\frac{b}{a}$$

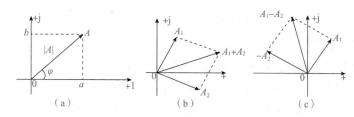

图 3-9　复数的矢量表示及复数代数和的图解法
(a) 复数的矢量；(b)A_1+A_2 运算；(c)A_1-A_2 运算

因为

$$a=|A|\cos\varphi$$

$$b=|A|\sin\varphi$$

所以

$$A=a+jb=r\cos\varphi+jr\sin\varphi$$

叫作复数的三角形式。根据欧拉公式 $\cos\varphi+j\sin\varphi=e^{j\varphi}$

可写作

$$A=re^{j\varphi}$$

这是复数的指数形式，通常将 $e^{j\varphi}$ 记作 $\angle\varphi$，这样上式可写成

$$A=r\angle\varphi$$

该式称为复数 A 的极坐标形式。

综上所述，一个相量的复数可以有四种表示形式，这四种表示形式可以相互变换。

2. 复数的四则运算

设两复数为

$$A=a_1+jb_1,\ B=a_2+jb_2$$

(1)加减运算：可利用代数式将复数的实部和虚部分别相加减，也可利用图解法(平行四边形法)求解。

$$A\pm B=(a_1\pm a_2)+j(b_1\pm b_2)$$

(2)乘除运算：利用极坐标式将模相乘除，而幅角相加减。

$$A\cdot B=r_1\angle\varphi_1\cdot r_2\angle\varphi_2=r_1\cdot r_2\angle(\varphi_1+\varphi_2)$$

$$\frac{A}{B}=\frac{r_1\angle\varphi_1}{r_2\angle\varphi_2}=\frac{r_1}{r_2}\cdot\angle(\varphi_1-\varphi_2)$$

【例 3-4】 将下列复数转换为极坐标形式：(1)$A=3-j4$；(2)$B=-3+j4$。

解：(1)因为实部为正，虚部为负，可判断幅角应在第四象限。

复数 A 的模为

$$|A| = \sqrt{3^2 + (-4)^2} = 5$$

幅角为

$$\varphi_A = \arctan\frac{-4}{3} = -53.1°$$

所以 $A = 5\angle-53.1°$

(2)因为实部为负，虚部为正，可判断幅角应在第二象限。

复数 A 的模为

$$|B| = \sqrt{4^2 + (-3)^2} = 5$$

幅角为

$$\varphi_B = \arctan\frac{4}{-3} = 126.9°$$

所以 $B = 5\angle126.9°$

【例 3-5】 已知 $A_1 = 3 + j4$，$A_2 = 4 - j3$。求 $A_1 + A_2$，$A_1 - A_2$。

解：$A_1 + A_2 = (3 + j4) + (4 - j3) = (3 + 4) + j(4 - 3) = 7 + j$

$A_1 - A_2 = (3 + j4) - (4 - j3) = (3 - 4) + j[4 - (3)] = -1 + 7j$

如果用图解法，如图 3-9(b)、(c)所示。

(二)正弦量的相量表示

由于复数运算方便，将正弦量中频率作为已知量处理，就产生了用复数的两个量(实部、虚部或模、幅角)分别表示正弦量的两个要素，这就是正弦量的相量表示法。一个相量可以代表一个正弦量，而不能认为正弦量等于相量。

在实际应用中，正弦量更多地用有效值表示。因此，令复数的模与正弦量有效值相等，幅角等于正弦量的初相位，则称为有效值相量，用有效值上加一黑点表示。例如，$i = I_m\sin(\omega t + \varphi)$，对应的有效值相量表示为 $\dot{I} = I\angle\varphi$。

【例 3-6】 试写出下列各正弦量的相量。

(1) $u = 220\sqrt{2}\sin(\omega t + 30°)$

(2) $i = 3\sin(\omega t - 60°)$

解：(1)电压相量 $\dot{U} = 220\angle30°$

(2)电流相量 $\dot{I} = \frac{3}{\sqrt{2}}\angle-60° = 2.12\angle-60°$

【例 3-7】 已知 $i_1 = 3\sqrt{2}\sin(\omega t + 30°)$，$i_2 = 4\sqrt{2}\sin(\omega t + 60°)$，求 $i = i_1 + i_2$。

解：i_1 和 i_2 的相量形式为

$$\dot{I}_1 = 3\angle30°, \dot{I}_2 = 4\angle60°$$

则 $\dot{I}_1 + \dot{I}_2 = 3\angle30° + 4\angle60°$

$\qquad = 2.60 + j1.5 + 2 + j3.46$

$\qquad = (2.60 + 2) + j(1.5 + 3.46)$

$\qquad = 4.60 + j4.96$

$\qquad = 6.76\angle47.2°$

其对应的正弦电流表达式为

$$i = i_1 + i_2 = 6.76\sqrt{2}\sin(\omega t + 47.2°)\,\text{A}$$

(三)相量图

正弦量可以用振幅相量或有效值相量表示,但通常用有效值相量表示。

1. 振幅相量表示法

振幅相量表示法是用正弦量的振幅值作为相量的模(大小)、用初相角作为相量的幅角,例如,有三个正弦量为

$$e = 60\sin(\omega t + 60°)\,\text{V}$$
$$u = 30\sin(\omega t + 30°)\,\text{V}$$
$$i = 5\sin(\omega t - 30°)\,\text{A}$$

则它们的振幅相量图如图 3-10 所示。

2. 有效值相量表示法

有效值相量表示法是用正弦量的有效值作为相量的模(长度大小),仍用初相角作为相量的幅角,例如:

$$u = 220\sqrt{2}\sin(\omega t + 53°)\,\text{V},\, i = 0.41\sqrt{2}\sin(\omega t)\,\text{A}$$

则它们的有效值相量图如图 3-11 所示。

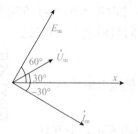

图 3-10　正弦量的振幅相量图举例

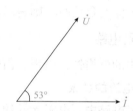

图 3-11　正弦量的有效值相量图举例

小问答

1. 正弦交流电的三要素是_____、_____、_____。
2. 正弦交流点有三种表示方法分别是_____、_____、_____。
3. 周期、频率、角频率三者的关系式是_____。

任务二　正弦交流电路的分析

任务描述

　　电阻、电感和电容是电路的基本元件,将其分别接入交流电路中,这三类元件所构成的交流电路会呈现不同的性质。本任务对单一参数的正弦交流电路、RLC 串联电路,以及 RLC 并联电路进行了详细分析。

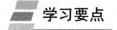

一、单一参数的正弦交流电路

用来表示电路元器件基本性质的物理量称为电路参数。电阻、电感、电容是交流电路的三种基本参数。仅具有一种电路参数的电路称为单一参数电路。

直流电流的大小与方向不随时间变化，而交流电流的大小和方向则随时间不断变化。因此，在交流电路中出现的一些现象，与直流电路中的现象不完全相同。电容接入直流电路时，电容被充电，充电结束后，电路处在断路状态。但在交流电路中，由于电压是交变的，因而电容时而充电时而放电，电路中出现了交变电流，使电路处在导通状态；电感线圈在直流电路中相当于导线。但在交流电路中由于电流是交变的，所以线圈中有自感电动势产生。电阻在直流电路与交流电路中作用相同，起着限制电流的作用。

由于交流电路中电流、电压、电动势的大小和方向随时间变化，因而分析和计算交流电路时，必须在电路中给电流、电压、电动势标定一个正方向。同一电路中电压和电流的正方向应标定一致。若在某一瞬时电流为正值，则表示此时电流的实际方向与标定方向一致；反之，当电流为负值时，则表示此时电流的实际方向与标定方向相反。

(一)纯电阻电路

日常生活中的电烙铁、电炉、白炽灯等都可以认为是纯电阻性负载。

1. 电压与电流的关系

纯电阻电路

在正弦交流电路中，电阻元件的电压和电流都随时间变化，但在任一瞬间线性电阻元件的电压、电流关系仍然遵循欧姆定律。将电阻 R 接入如图 3-12(a)所示的交流电路，设交流电压为 $u_R = U_{Rm}\sin(\omega t + \varphi_u)$，电阻元件的电压与电流为关联参考方向，则 R 中电流的瞬时值为 $i_R = \dfrac{u}{R} = \dfrac{U_{Rm}}{R}\sin(\omega t + \varphi_u) = I_{Rm}\sin(\omega t + \varphi_u)$。

这表明，在正弦电压作用下，电阻中通过的电流是一个相同频率的正弦电流，而且与电阻两端电压同相位。如图 3-12(b)、(c)所示画出了电阻元件的电压和电流的波形图及相量图。

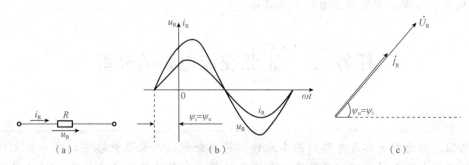

图 3-12　电阻元件的波形图、相量图

(a)电阻元件；(b)波形图；(c)相量图

(1)数值上，电压和电流的幅值关系为

$$I_{Rm} = \frac{U_{Rm}}{R}$$

电压和电流的有效值关系为

$$I_R = \frac{U_{Rm}}{\sqrt{2}R} = \frac{U_R}{R} \tag{3-5}$$

(2)相位上，电压、电流的相位间关系为

$$\varphi_u = \varphi_i \tag{3-6}$$

(3)相量形式，由于 $\dot{U}_R = U_R\angle\varphi_u$，故电流的相量为

$$\dot{I} = I_R\angle\varphi_i = \frac{U_R}{R}\angle\varphi_u = \frac{\dot{U}_R}{R} \tag{3-7}$$

2. 电阻电路的功率

(1)瞬时功率：任一瞬间，电阻上的电压和电流的瞬时值的乘积，称为瞬时功率，用小写字母 p 表示，即

$$p = u_R i_R = U_{Rm}\sin(\omega t + \varphi_u) \cdot I_{Rm}\sin(\omega t + \varphi_u)$$
$$= U_{Rm}I_{Rm}\sin^2(\omega t + \varphi_u) = U_{Rm}I_{Rm}[1 - \cos 2(\omega t + \varphi_u)]$$

$p > 0$，表明电阻任一时刻都在向电源取用功率，起负载作用。瞬时功率的单位是 W。

(2)平均功率(有功功率)：由于瞬时功率是随时间变化的，为便于计算，常用平均功率来计算交流电路中的功率。平均功率为

$$P = \frac{1}{T}\int_0^t p\,dt = \int_0^t U_R I_R \sin^2(\omega t)\,dt = \frac{U_{Rm}I_{Rm}}{2}$$

或

$$P = \frac{U_{Rm}I_{Rm}}{2} = U_R I_R = I_R^2 R \tag{3-8}$$

这表明，平均功率等于电压、电流有效值的乘积。平均功率的单位是 W[瓦[特]]。

【例 3-8】 在纯电阻电路中，已知加在电阻两端的电压 $u = 60\sqrt{2}\sin(314t + 30°)\text{V}$，$R = 150\ \Omega$，求电流 $\dot{I}$。

解：电压的相量形式为

$$\dot{U} = 60\angle 30°$$

则

$$\dot{I} = \frac{\dot{U}}{R} = \frac{60\angle 30°}{150} = 0.4\angle 30°(\text{A})$$

【例 3-9】 已知：电阻 $R = 440\ \Omega$，将其连接在电压 $U = 220\ \text{V}$ 的交流电路上，试求电流 I 和功率 P。

解：电流为

$$I = \frac{U}{R} = \frac{220}{440} = 0.5(\text{A})$$

功率为

$$P = UI = 220 \times 0.5 = 110(\text{W})$$

(二)纯电感电路

一个线圈，当它的电阻小到可以忽略不计时，就可以看成是一个纯电感。纯电感电路如图 3-13(a)所示，L 为线圈的电感。

纯电感电路

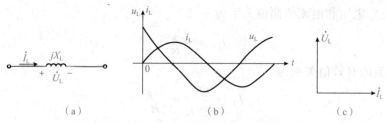

图 3-13　电感元件的波形图、相量图
(a)电感元件相量模型；(b)波形图；(c)相量图

1. 电压与电流的关系

设 L 中流过的电流 $i_L = I_{Lm}\sin(\omega t + \varphi_i)$，选择电压 u_L 和 i_L 为关联的参考方向，其伏安特性 $u_L = L\dfrac{\mathrm{d}i_L}{\mathrm{d}t}$，则电压瞬时值为

$$u_L = L\frac{\mathrm{d}i_L}{\mathrm{d}t} = \sqrt{2}\,\omega L I_L\cos(\omega t + \varphi_i) = \sqrt{2}\,\omega L I_L\sin\left(\omega t + \varphi_i + \frac{\pi}{2}\right) = \sqrt{2}\,U_L\sin(\omega t + \varphi_u)$$

式中
$$U_L = \omega L I_L;\quad \varphi_u = \varphi_i + \frac{\pi}{2}$$

（1）数值上，电压和电流的幅值关系为
$$U_{Lm} = \omega L I_{Lm}$$

电压和电流的有效值关系为
$$U_L = \omega L I_L \tag{3-9}$$

式中
$$X_L = \omega L = 2\pi f L \tag{3-10}$$

XL 称为感抗，单位是 Ω。与电阻相似，感抗在交流电路中也起阻碍电流的作用。这种阻碍作用与频率有关。当 L 一定时，频率越高，感抗越大。在直流电路中，因频率等于 0，其感抗也等于零，视为短路。

（2）相位上，电压、电流的相位间关系为
$$\varphi_u = \varphi_i + \frac{\pi}{2} \tag{3-11}$$

由式(3-11)可知，电压超前电流 $90°$，或电流滞后电压 $90°$。其电压和电流的波形图与相量图如图 3-13(b)和(c)所示。

（3）相量形式，由于 $\dot{I} = I_L\angle\varphi_i$，故电压的相量为
$$\dot{U}_L = U_L\angle\varphi_u = X_L I_L\angle\left(\varphi_i + \frac{\pi}{2}\right) = jX_L I_L\angle\varphi_i$$

即
$$\dot{U}_L = j\omega L\dot{I}_L = jX_L\dot{I}_L \tag{3-12}$$

电感元件的电压、电流相量之间符合欧姆定律。

2. 电感电路的功率

（1）纯电感电路的瞬时功率。
$$p = u_L i_L = U_{Lm}\sin(\omega t + \varphi_i + 90°) \cdot I_{Lm}\sin(\omega t + \varphi_i)$$
$$= U_{Lm}I_{Lm}\sin(\omega t + \varphi_i)\cos(\omega t + \varphi_i)$$
$$= \frac{1}{2}U_{Lm}I_{Lm}\sin 2(\omega t + \varphi_i)$$
$$= U_L I_L\sin 2(\omega t + \varphi_i)$$

纯电感电路的瞬时功率 p、电压 u、电流 i 的波形图如图 3-13(b)所示。从波形图可以看出，第 1、3 个 $T/4$ 期间，$p>0$，表示线圈从电源处吸收能量；在第 2、4 个 $T/4$ 期间，$p<0$ 表示线圈向电路释放能量。

（2）平均功率（有功功率）。瞬时功率表明，在电流的一个周期内，电感与电源进行两次能量交换，交换功率的平均值为零，即纯电感电路的平均功率为零。

$$\frac{1}{T}\int_0^T p\,\mathrm{d}t = 0$$

$$P = 0 \tag{3-13}$$

式(3-13)说明，纯电感线圈在电路中不消耗有功功率，它是一种储存电能的元件。

（3）无功功率。纯电感线圈和电源之间进行能量交换的最大速率，称为纯电感电路的无功功率。用 Q 表示，无功功率的单位是乏耳(var)。

$$Q_L = U_L I_L = I^2 X_L \tag{3-14}$$

【例 3-10】 一个线圈电阻很小，可略去不计。电感 $L=35$ mH。求该线圈在 50 Hz 的交流电路中的感抗。若连接在 $U=220$ V、$f=50$ Hz 的交流电路中，电流 I，有功功率 P，无功功率 Q 又是多少？

解：（1）$f=50$ Hz 时

$$X_L = 2\pi \times 50 \times 35 \times 10^{-3} = 11(\Omega)$$

（2）当 $U=220$ V，$f=50$ Hz

电流
$$I = \frac{U}{X_L} = \frac{220}{11} = 20(\text{A})$$

有功功率
$$P = 0 \text{ W}$$

无功功率
$$Q = UI = 220 \times 20 = 4\,400(\text{var})$$

（三）纯电容电路

图 3-14(a)表示纯电容的交流电路。设电容器 C 两端加上电压 $u_C = U_{Cm}\sin(\omega t + \varphi_u)$。由于电压的大小和方向随时间变化，使电容器极板上的电荷量也随之变化，电容器的充电、放电过程也不断进行，形成了纯电容电路中的电流。

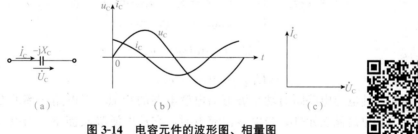

(a)　　　　　　　　(b)　　　　　　　　(c)

图 3-14　电容元件的波形图、相量图

(a)电容元件相量模型；(b)波形图；(c)相量图

纯电容电路

1. 电压与电流的关系

$$i_C = C\frac{\mathrm{d}u_C}{\mathrm{d}t}$$

$$= \sqrt{2}\,C U_C\cos(\omega t + \varphi_u)$$

$$= \sqrt{2} \omega C U_C \sin\left(\omega t + \varphi_u + \frac{\pi}{2}\right)$$

$$= \sqrt{2} I_C \sin(\omega t + \varphi_i)$$

式中 $\qquad I_C = \omega C U_C; \quad \varphi_i = \varphi_u + \frac{\pi}{2}$

（1）数值上，电压和电流的幅值关系为

$$I_{Cm} = \omega C U_{Cm}$$

电压和电流的有效值关系为

$$I_C = \omega C U_C \qquad\qquad (3\text{-}15)$$

式中 $\qquad X_C = \dfrac{1}{\omega C} = \dfrac{1}{2\pi f C} \qquad\qquad (3\text{-}16)$

XC 称为容抗，单位是 Ω。容抗在交流电路中也起阻碍电流的作用。这种阻碍作用与频率有关。频率越高，容抗越小。在直流电路中，因频率等于 0，其容抗趋于 ∞，电容相当于开路。

（2）相位上，电压、电流的相位间关系为

$$\varphi_i = \varphi_u + \frac{\pi}{2} \qquad\qquad (3\text{-}17)$$

由式（3-17）可知，电流超前电压 90°，或电压滞后电流 90°。其电压和电流的波形图与相量图如图 3-14（b）和（c）所示。

（3）相量形式，由于 $U_C = U_C \angle \varphi_u$，故电压的相量为

$$\dot{I}_C = I_C \angle \varphi_i = \frac{U_C}{X_C} \angle \left(\varphi_u + \frac{\pi}{2}\right) = \frac{U_C}{-jX_C} \angle \varphi_u$$

即 $\qquad \dot{I}_C = j\omega L \dot{U}_C = \dfrac{\dot{U}_C}{-jX_C} \qquad\qquad (3\text{-}18)$

电容元件的电压、电流相量之间符合欧姆定律。

2. 电感电路的功率

（1）瞬时功率。

$$p = u_C i_C = U_{Cm} \sin(\omega t + \varphi_u) \cdot I_{Cm} \sin(\omega t + \varphi_u + 90°)$$

$$= U_{Cm} I_{Cm} \sin(\omega t + \varphi_u) \cos(\omega t + \varphi_u)$$

$$= \frac{1}{2} U_{Cm} I_{Cm} \sin(\omega t + \varphi_u)$$

$$= U_C I_C \sin 2(\omega t + \varphi_u)$$

这表明，纯电容电路瞬时功率波形与电感电路的相似，以电路频率的 2 倍按正弦规律变化。电容器也是储能元件，当电容器充电时，它从电源吸收能量；当电容器放电时则将能量送回电源。

（2）平均功率。

$$P = \frac{1}{T} \int_0^T p \, dt = 0 \qquad\qquad (3\text{-}19)$$

电容元件的平均功率为零，说明电容元件是储能元件，不消耗电能，仅与电源进行能量交换。

（3）无功功率。电容元件瞬时功率的最大值称为无功功率。它表示电源能量与电场能量交换的最大速率，用 Q 表示。

$$Q_C = U_C I_C = I^2 X_C = \frac{U_C^2}{X_C} = \omega C U_C^2 \qquad (3\text{-}20)$$

【例 3-11】 把一个电容器连接到 $u_C = 220\sqrt{2}\sin(314t - 60°)\,\text{V}$ 的电源上，电容器电容 $C = 40\ \mu\text{F}$。试求：(1)电容器的容抗；(2)电流的有效值；(3)电流的瞬时值表达式；(4)出电流、电压的相量图；(5)电路的无功功率。

解： 由 $u_C = 220\sqrt{2}\sin(314t - 60°)$ 得 $U_m = 220\sqrt{2}\ \text{V}$；$\omega = 314\ \text{rad/s}$；$\varphi_u = -60°$。

(1)电容的容抗为

$$X_C = \frac{1}{\omega C} = \frac{1}{314 \times 40 \times 10^{-6}} = 80(\Omega)$$

(2)电压的有效值为

$$U = \frac{U_m}{\sqrt{2}} = \frac{220\sqrt{2}}{\sqrt{2}} = 220(\text{V})$$

则电流的有效值为 $\qquad I = \dfrac{U}{X_C} = \dfrac{220}{80} = 2.75(\text{A})$

(3)在纯电容电路中，电流超前电压 $90°$，即 $\varphi_i = \varphi_u + 90° = -60° + 90° = 30°$

则电流瞬时值表达式为 $\qquad i = 2.75\sqrt{2}\sin(314t + 30°)$

(4)电流、电压相量图略。

(5)无功功率

$$Q_C = U_C I_C = 220 \times 2.75 = 605(\text{var})$$

小问答

1. 纯电阻电路电压与电流的数值关系是＿＿＿＿＿＿＿＿，相位关系是＿＿＿＿＿＿＿。

2. 纯电容电路电压与电流的数值关系是＿＿＿＿＿＿＿＿，相位关系是＿＿＿＿＿＿＿。

3. 纯电感电路电压与电流的数值关系是＿＿＿＿＿＿＿＿，相位关系是＿＿＿＿＿＿＿。

二、RLC 串联电路

(一)复阻抗

端口电压的相量与端口电流的相量的比值称为该二端口网络的复阻抗。即

$$Z = \frac{\dot{U}}{\dot{I}}$$

将电阻、电感、电容元器件的电压和电流分别代入上式，可得

电阻的复阻抗 $Z = R$

电感的复阻抗 $Z = j\omega L$

电容的复阻抗 $Z = j\omega C$

复阻抗

引入复阻抗概念的意义：对于一个元件或一个二端网络，知道了它的复阻抗，其电压电流关系就知道了，而复阻抗只取决于元件的参数和交流电的频率，与电压电流无关。

$$Z = R + j(X_L - X_C) = (R + jX) = |Z| \angle \varphi \qquad (3\text{-}21)$$

Z 称为电路的复阻抗，其中 $X = X_L - X_C$ 称为电路的电抗，单位为 Ω(欧姆)。

由式(3-21)不难看出

$$|Z| = \sqrt{R^2 + (X_L - X_C)^2} = \sqrt{R^2 + X^2} \qquad (3\text{-}22)$$

$$\varphi = \arctan \frac{X_L - X_C}{R} = \arctan \frac{X}{R} \qquad (3\text{-}23)$$

因为

$$\dot{U} = \dot{I} Z$$

故

$$Z = \frac{\dot{U}}{\dot{I}} = \frac{U \angle \varphi_u}{I \angle \varphi_i} = \frac{U}{I}(\varphi_u + \varphi_i) = |Z| \angle \varphi \qquad (3\text{-}24)$$

Z 和 φ 分别是复阻抗的模和幅角。式(3-24)表明，电路的 $|Z|$、R、X 可以组成一个三角形，称为阻抗三角形，如图 3-15 所示。

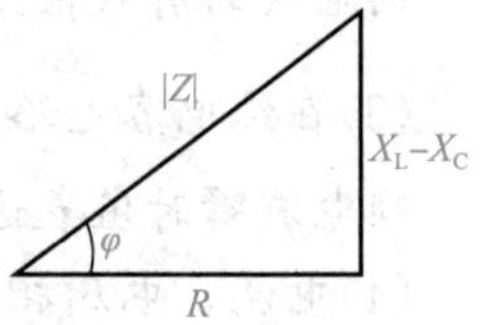

复阻抗 Z 综合反映了电压与电流的大小及相位关系。电抗 X 值的正负体现了电路中电感与电容所起作用的大小，关系到电路的性质。

当 $XL > XC$ 时，$\varphi > 0$，总电压超前于电流，电路呈感性；

当 $XL < XC$ 时，$\varphi < 0$，总电压滞后于电流，电路呈容性；

当 $XL = XC$ 时，$\varphi = 0$，总电压与电流同相，电路呈阻性，此时电路的状态称为串联谐振。

图 3-15　阻抗三角形

$$|Z| = \frac{U}{I}, \varphi = \varphi_u - \varphi_i \qquad (3\text{-}25)$$

式(3-25)中，复阻抗的模 $|Z|$ 是它的端电压与电流有效值之比，称为电路的阻抗。复阻抗的幅角 φ 是电压与电流的相位角，称为电路的阻抗角。

(二)阻抗法分析 *RLC* 串联电路

如图 3-16(a)所示为 R、L、C 串联电路，其相量模型如图 3-16(b)所示。根据基尔霍夫电压定律，可得

$$u = u_R + u_L + u_C$$

其相量形式为

$$\dot{U} = \dot{U}_R + \dot{U}_L + \dot{U}_C$$

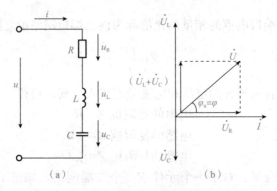

（a）　　　　　　　　（b）

图 3-16　*R*、*L*、*C* 串联电路

(a)电路图；(b)相量图

将各元器件电压与电流的相量关系代入上式，可得

$$\dot{U} = R\dot{I} + jX_L - jX_C\dot{I} = [R + j(X_L - X_C)]\dot{I} = Z\dot{I}$$

即
$$\dot{U} = Z\dot{I} \tag{3-26}$$

式(3-26)为 R、L、C 串联电路伏安关系的相量形式，与欧姆定律相似，所以称之为相量的欧姆定律。

小问答

1. RLC 串联电路的复阻抗是＿＿＿＿＿＿＿＿＿＿＿＿。
2. 电容的容抗＿＿＿＿＿＿＿＿＿＿电感的感抗＿＿＿＿＿＿＿＿＿＿＿＿。
3. RLC 串联电路的电路性质有三种，分别是＿＿＿＿＿、＿＿＿＿＿、＿＿＿＿＿。

三、*RLC* 并联电路

(一)复导纳

复导纳为端口电流相量与电压相量之比，用 Y 表示，单位为 S(西门子)。

$$Y = \frac{\dot{I}}{\dot{U}} = G + jB \tag{3-27}$$

由式(3-27)不难看出

$$|Y| = \frac{I}{U} = \sqrt{G^2 + B^2} = \sqrt{G^2 + (B_C - B_L)^2} \tag{3-28}$$

$$\varphi' = \varphi_i - \varphi_u = \arctan\frac{B}{G} = \arctan\frac{B_C - B_L}{G} \tag{3-29}$$

其中 $G = \frac{1}{R}$ 为电阻元件的电导；$B_L = \frac{1}{\omega L}$ 为电感元件的感纳；$B_C = \omega C$ 为电容元件的容纳，$B = B_C - B_L$，称为电路的电纳。它们的单位都是 S(西门子)。因为 $\dot{I} = Y\dot{U}$，故 $Y = \frac{\dot{I}}{\dot{U}} =$

$\frac{I\angle\varphi_i}{U\angle\varphi_u} = \frac{I}{U}(\varphi_i - \varphi_u) = |Y|\angle\varphi$。

Y 和 φ 分别是复导纳的模和幅角，Y 称为导纳，幅角称为导纳角。式(3-27)表明，电路的 $|Y|$、G、B 可以组成一个三角形，称为导纳三角形，如图 3-17 所示。

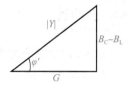

图 3-17　导纳三角形

复导纳 Y 综合反映了电流与电压的大小及相位关系。

当 $B_C > B_L$ 时，$\varphi' > 0$，电流超前于总电压，电路呈容性；

当 $B_C < B_L$ 时，$\varphi' < 0$，电流滞后于总电压，电路呈感性；

当 $B_C = B_L$ 时，$\varphi' = 0$，电流与总电压同相，电路呈阻性，此时电路处于谐振状态。

(二)导纳法分析 *RLC* 并联电路

R、*L*、*C* 元件对应的导纳分别为

$$Y_R = \frac{1}{R} = G$$

$$Y_L = \frac{1}{j\omega L} = -j\frac{1}{\omega L} = -jB_L$$

$$Y_C = j\omega C = jB_C$$

如图 3-18(a)所示为 *R*、*L*、*C* 并联电路，其相量模型如图 3-18(b)所示。根据基尔霍夫电流定律，可得

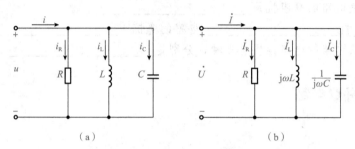

（a） （b）

图 3-18 *R*、*L*、*C* 并联电路

(a)*R*、*L*、*C* 并联电路；(b)相量图

$$i = i_R + i_L + i_C$$

其相量形式为

$$\dot{I} = \dot{I}_R + \dot{I}_L + \dot{I}_C$$

设端口电压相量为 $\dot{U} = U\angle\varphi_u$，则各元件电流相量分别为

$$\dot{I}_R = \frac{\dot{U}}{R} = G\dot{U} \quad \dot{I}_L = \frac{\dot{U}}{jX_L} = -jB_L\,\dot{U} \quad \dot{I}_C = \frac{\dot{U}}{-jX_C} = jB_C\,\dot{U}$$

由基尔霍夫定律可知，电流相量

$$\dot{I} = \dot{I}_R + \dot{I}_L + \dot{I}_C = [G + j(B_C - B_L)]\dot{U} = (G + jB)\dot{U} \tag{3-30}$$

▰ 小问答

1. *RLC* 并联电路的复导纳是_____。
2. 电容的容纳_____，电感的感纳_____。
3. *RLC* 并联电路的电路性质有三种，分别是_____、_____、_____。

四、正弦交流电路中的功率

(一)瞬时功率

任一瞬间，元件上的电压和电流的瞬时值的乘积，称为瞬时功率，用小写字母 *p* 表示。

正弦交流
电路中的功率

1. 电阻元件的瞬时功率

$$p = u_R i_R = U_{Rm}\sin(\omega t + \varphi_u) \cdot I_{Rm}\sin(\omega t + \varphi_i)$$
$$= U_{Rm} I_{Rm} \sin^2(\omega t + \varphi_u)$$
$$= U_R I_R [1 - \cos 2(\omega t + \varphi)]$$

$p > 0$，表明电阻任一时刻都在向电源取用功率，起负载作用。瞬时功率的单位是 W。

2. 纯电感电路的瞬时功率

$$p = u_L i_L = U_{Lm}\sin(\omega t + \varphi_i + 90°) \cdot I_{Lm}\sin(\omega t + \varphi_i)$$
$$= U_{Lm} I_{Lm} \sin(\omega t + \varphi_i)\cos(\omega t + \varphi_i)$$
$$= \frac{1}{2} U_{Lm} I_{Lm} \sin 2(\omega t + \varphi_i)$$
$$= U_L I_L \sin 2(\omega t + \varphi_i)$$

电感元件的瞬时功率表明，在电流的一个周期内，电感与电源进行两次能量交换，交换功率的平均值为零，即纯电感电路的平均功率为零。

$$\frac{1}{T}\int_0^T p\, dt = 0 \tag{3-31}$$

式(3-31)说明，纯电感线圈在电路中不消耗有功功率，它是一种储存电能的元件。

3. 纯电容元件的瞬时功率

$$p = u_C i_C = U_{Cm}\sin(\omega t + \varphi_u) \cdot I_{Cm}\sin(\omega t + \varphi_u + 90°)$$
$$= U_{Cm} I_{Cm} \sin(\omega t + \varphi_u)\cos(\omega t + \varphi_u)$$
$$= \frac{1}{2} U_{Cm} I_{Cm} \sin 2(\omega t + \varphi_u)$$
$$= U_C I_C \sin 2(\omega t + \varphi_u)$$

这表明，纯电容电路瞬时功率波形与电感电路的相似，以电路频率的 2 倍按正弦规律变化。电容器也是储能元件，当电容器充电时，它从电源吸收能量；当电容器放电时则将能量送回电源。

(二)有功功率

由于瞬时功率是随时间变化的，为了便于计算，常用平均功率来计算交流电路中的功率。有功功率(平均功率)为

$$P = \frac{1}{T}\int_0^T p\, dt = \frac{1}{T}\int_0^T U_R I_R \sin^2 \omega t\, dt = \frac{U_{Rm} I_{Rm}}{2}$$

或

$$P = \frac{U_{Rm} I_{Rm}}{2} = U_R I_R = I_R^2 R$$

这表明，平均功率等于电压、电流有效值的乘积。平均功率的单位是 W。

【**例 3-12**】 已知：电阻 $R = 440\ \Omega$，将其连接在电压 $U = 220\ V$ 的交流电路上，试求电流 I 和功率 P。

解：电流为
$$I = \frac{U}{R} = \frac{220}{440} = 0.5\,(A)$$

功率为
$$P = UI = 220 \times 0.5 = 110\,(W)$$

电感元件和电容元件的平均功率为零，说明它们是储能元件，不消耗电能，仅进行能量交换。

(三)无功功率

电感元件和电源之间进行能量交换的最大速率，称为纯电感电路的无功功率，用 Q 表示，无功功率的单位是乏耳(var)。

$$Q_L = U_L I_L = I^2 X_L \tag{3-32}$$

电容元件瞬时功率的最大值称为无功功率，它表示电源能量与电场能量交换的最大速率，用 Q 表示。

$$Q_C = U_C I_C = I^2 X_C = \frac{U_C^2}{X_C} = \omega C U_C^2 \tag{3-33}$$

(四)视在功率

变压器、电动机及一些电气设备的容量是由它们的额度电压和额度电流来决定的，因此，电路端电压的有效值与电流有效值的乘积称为电路的视在功率，用 S 表示，单位为 V·A (伏安)。即

$$S = UI \tag{3-34}$$

视在功率既不代表一般交流电路实际消耗的有功功率，也不代表交流电路的无功功率，它表示电源可能提供的或负载可能获得的最大功率。额度视在功率在设备铭牌上通常称为额度容量或容量。

在 RLC 串联电路中，既有耗能元件 R，又有储能元件 L、C，所以，在电路中既有能量的消耗又有能量的转换，或者说电路中既有有功功率，又有无功功率。

交流电路中的有功功率、无功功率和视在功率之间的关系为

$$P = UI\cos\varphi = S\cos\varphi \quad Q = UI\sin\varphi = S\cos\varphi \quad S = UI = \sqrt{P^2 + Q^2}$$

其中 $\cos\varphi$ 为功率因数。P、Q、S 可组成一个直角三角形，称为功率三角形。如图 3-19 所示，图中的 φ 角可表示为 $\varphi = \arctan\dfrac{Q}{P}$。

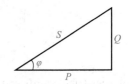

图 3-19　功率三角形

【**例 3-13**】 将电阻、电感和电容串联接在工频电源上，电路中电流有效值 $I = 6$ A，各元件电压分别是：$U_R = 80$ V，$U_L = 240$ V，$U_C = 180$ V，试求：(1)电源电压有效值 U；(2)电路参数 R、L 和 C；(3)电流与电压的相位差；(4)电路的有功功率 P、无功功率 Q 和视在功率 S。

解：(1)由电压三角形可求出电源电压

$$U = \sqrt{U_R^2 + (U_L - U_C)^2} = \sqrt{80^2 + (240 - 180)^2} = 100(\text{V})$$

(2)电路中的电阻为

$$R = \frac{U_R}{I} = \frac{80}{6} \approx 13.3(\Omega)$$

电路中的感抗为

$$X_L = \frac{U_L}{I} = \frac{240}{6} = 40(\Omega)$$

线圈的电感为

$$L = \frac{X_L}{2\pi f} = \frac{40}{2 \times 3.14 \times 50} \approx 0.13(\text{H})$$

电路中的容抗为

$$X_C = \frac{U_C}{I} = \frac{180}{6} = 30(\Omega)$$

(3)电流与电路端电压的相位差为

$$C = \frac{1}{2\pi f} = \frac{1}{2 \times 3.14 \times 50 \times 30} \approx 106(\mu\text{F})$$

电路的感抗大于容抗，电路呈感性，电压超前电流$36.9°$。

(4)电路的有功功率P、无功功率Q和视在功率S分别为

$$P = U_R I = 80 \times 6 = 480(\text{W})$$
$$Q = (U_L - U_C)I = (240 - 180) \times 6 = 360(\text{var})$$
$$S = UI = 100 \times 6 = 600(\text{V} \cdot \text{A})$$

(五)功率因数的提高

1. 提高功率因数的意义

功率因数是用电设备的一个重要技术指标。电路的功率因数由负载中包含的电阻与电抗的相对大小决定。纯电阻负载$\cos\varphi = 1$；纯电抗负载$\cos\varphi = 0$；一般负载的$\cos\varphi$在$0 \sim 1$，而且多为感性负载。例如，常用的交流电动机便是一个感性负载，满载时功率因数在$0.7 \sim 0.9$，而空载或轻载时功率因数较低。

在供电设备输出的功率中，一部分为有功功率$P = S\cos\varphi$；另一部分为无功功率$Q = S\sin\varphi$。功率因数越高，电路的有功功率越大，电路中能量互换的规模也就越小，供电设备的能力就越得到充分发挥，从而提高了供电设备的能量利用率。功率因数过低，会使供电设备的利用率降低，输电线路上的功率损失与电压损失增加。下面通过实例来说明这个问题。

【例3-14】某供电变压器额定电压$U = 220$ V，额定电流$I = 100$ A，视在功率$S = 22$ kVA。现变压器对一批功率为$P = 4$ kW，$\cos\varphi = 0.6$的电动机供电，变压器能对几台电动机供电？若$\cos\varphi$提高到0.9，变压器又能对几台电动机供电？

解：当$\cos\varphi = 0.6$时，每台电动机取用的电流为

$$I = \frac{P}{U\cos\varphi} = \frac{4 \times 10^3}{220 \times 0.6} = 30(\text{A})$$

因而可供电动机的台数$I_e/I = 100/30 \approx 3.3$，即可给3台电动机供电。

若$\cos\varphi = 0.9$，每台电动机取用的电流为

$$I' = \frac{P}{U\cos\varphi} = \frac{4 \times 10^3}{220 \times 0.9} \approx 20(\text{A})$$

则可供电动机的台数为$I_e/I = 100/20 = 5$(台)。

可见，当功率因数提高后，每台电动机取用的电流变小，变压器可供电的电机台数增加，使变压器的容量得到充分的利用

2. 提高功率因数的方法

提高功率因数有重要的经济意义。实际负载大多数是感性的，如大量使用的感应电动机、照明日光灯等。常用的提高功率因数的方法是在感性负载两端并联合适的电容器。这种方法不会改变负载原有的工作状态，但负载的无功功率从电容支路得到了补偿，从而提高了功率因数。

 小问答

1. 有功功率是指＿＿＿＿＿＿＿＿＿＿＿＿＿＿＿＿＿＿＿＿＿＿＿＿＿。

2. 无功功率是指＿＿＿＿＿＿＿＿＿＿＿＿＿＿＿＿＿＿＿＿＿＿＿＿＿。

3. 功率因数的表达式：＿＿＿＿＿＿、＿＿＿＿＿＿、＿＿＿＿＿＿。

任务三　谐振电路的分析计算

任务描述

　　当电路中含有电感和电容元件时，在正弦电源作用下，若电路呈阻性，即电路的电压与电流同相，电路的这种工作状态称为谐振。谐振现象在电子技术中应用极为广泛。研究谐振的目的就是要认识这种客观现象，并在实践中充分利用谐振的特征，同时，又要预防它对电力系统的破坏。本任务分析了串联、并联电路谐振条件和谐振频率，串联、并联谐振电路的基本特征，并对谐振电路的保护和应用进行了介绍。

学习要点

串联谐振

一、串联谐振

(一)串联电路谐振条件和谐振频率

RLC 串联电路发生的谐振现象称为串联谐振。串联谐振电路如图 3-20 所示。已知该电路的复阻抗为

$$Z = R + j(X_L - X_C) = R + j\left(\omega L - \frac{1}{\omega C}\right) = |Z| \angle \varphi$$

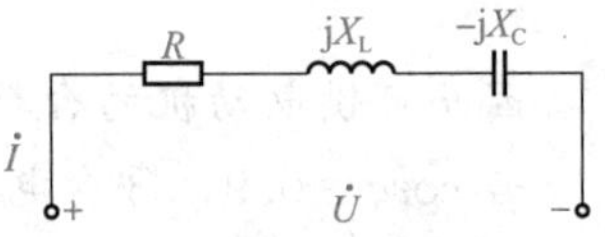

　　显然，欲使电路的端口电压 $\dot{U}$ 与端口电流 $\dot{I}$ 同相，即电路达到谐振时，必须满足

图 3-20　串联谐振电路

$$X_L = X_C \quad \omega L = \frac{1}{\omega C} \tag{3-35}$$

满足式(3-35)时的角频率称为电路的谐振频率，并用 ω_0 表示。因此电路发生谐振时有

$$\omega_0 L = \frac{1}{\omega_0 C}$$

$$\omega_0 = \frac{1}{\sqrt{LC}} \text{ 或 } f_0 = \frac{1}{2\pi\sqrt{LC}} \tag{3-36}$$

　　式(3-36)说明，电路谐振时 ω_0(或 f_0)仅取决于电路本身的参数 L 和 C，与电路中的电流、电压无关，所以，称 ω_0(或 f_0)为电路的固有角频率(或固有频率)。

　　(1)当 L、C 固定时，可以改变电源频率达到谐振。

　　(2)当电源频率一定时，通过改变元件参数使电路谐振的过程称为调谐。由谐振条件可知，调节 L 和 C 使电路谐振时，电感与电容分别为

$$L = \frac{1}{\omega^2 C}$$

$$C = \frac{1}{\omega^2 L} \tag{3-37}$$

【例 3-15】 如图 3-21 所示为一个 R、L、C 串联电路，已知 $R = 20\ \Omega$，$L = 300\ \mu\text{H}$，C 为可变电容，变化范围为 $12 \sim 290\ \text{pF}$。若外施信号源频率为 $800\ \text{kHz}$，则电容为何值才能使电路发生谐振？

解：由于

$$C = \frac{1}{\omega^2 L} = \frac{1}{(2\pi f)^2 L}$$

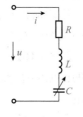

图 3-21　例 3-17 图

所以电容为

$$C = \frac{1}{(2\pi f)^2 L} = \frac{1}{(2\pi \times 800 \times 10^3)^2 \times 300 \times 10^{-6}} = 132(\text{pF})$$

(二)串联谐振电路的基本特征

1. 谐振时的复阻抗和电流

串联谐振时电路的电抗 $X = 0$，此时电路的复阻抗为

$$Z = R + jX$$

可见，串联谐振时，电路复阻抗达到最小值，且等于电路中的电阻 R。在一定的电压作用下，谐振时的电流将达到最大值，用 I_0 表示为

$$I_0 = \frac{U}{R}$$

2. 特性阻抗和品质因数

电路谐振时的感抗和容抗在数值上相等，用 ρ 表示则有

$$\rho = \omega_0 L = \frac{1}{\omega_0 C} = \sqrt{\frac{L}{C}} \tag{3-38}$$

可见，ρ 只取决于电路的元件参数，称为特性阻抗，单位是 Ω(欧姆)。在电子技术中，通常用谐振电路的特性阻抗与电路电阻的比值来表征谐振电路的性能，此值用字母 Q 表示，称为谐振电路的品质因数。

$$Q = \frac{\rho}{R} = \frac{\omega_0 L}{R} = \frac{1}{\omega_0 CR} \tag{3-39}$$

由式(3-39)可知，Q 也是一个仅与电路参数有关的常数。

谐振时，由于 $X_L = X_C$，于是 $U_L = U_C$。而 $\dot{U}_L$ 与 $\dot{U}_C$ 在相位上相反，互相抵消，对整个电路不起作用，因此电源电压 $\dot{U} = \dot{U}_R$。串联谐振时的相量如图 3-22 所示。此时电感、电容元件上的电压为

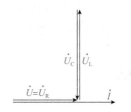

图 3-22　串联谐振相量图

$$U_{L0} = \omega_0 L I_0 = \omega_0 L \frac{U}{R} = QU$$

$$U_{C0} = \frac{1}{\omega_0 C} I_0 = \frac{1}{\omega_0 C} \frac{U}{R} = QU$$

即

$$U_{L0} = U_{C0} = QU \tag{3-40}$$

可见，电感、电容元件上的电压有效值为电源电压有效值的 Q 倍。由于 Q 值一般在几十到几百之间，所以串联谐振时，电感和电容元件的端电压往往高出电源电压许多倍，因此，串联谐振又称为电压谐振，常用于接收机的输入电路中。但在电力系统中，应尽量避免谐振，因为当电压过高时，将有可能击穿线圈和电容，发生事故。

串联谐振在无线电工程中，通常用来选择频率。频率选择性的好坏用品质因数来衡量。当品质因数 Q 值越大时，频率选择性能越好。

【例 3-16】 已知 R、L、C 串联电路中的 $R=18\ \Omega$，$L=500\ \mu H$，$C=161.5\ pF$，求电路的谐振频率 f_0、特性阻抗 ρ 和品质因数 Q 值；若电源电压 $U=0.1\ mV$，求电容元件两端的电压。

解：当 $C=161.5\ pF$，谐振时频率为

$$f_0 = \frac{1}{2\pi\sqrt{LC}} = \frac{1}{2\times\pi\sqrt{500\times10^{-6}\times161.5\times10^{-12}}} = 560(kHz)$$

特性阻抗为

$$\rho = \sqrt{\frac{L}{C}} = \sqrt{\frac{500\times10^{-6}}{161.5\times10^{-12}}} = 1\ 760(\Omega)$$

品质因数为

$$Q = \frac{\rho}{R} = \frac{1\ 760}{18} = 98$$

电容上的电压为

$$U_{C0} = QU = 98\times0.1\times10^{-3} = 9.8(mV)$$

(三)串联谐振电路的频率特性

(1)当外加频率等于其谐振频率时，其电路阻抗呈纯电阻性，具有最小值，在实际应用中称为陷波器；

(2)当外加频率高于其谐振频率时，电路阻抗呈感性，相当于一个电感线圈；

(3)当外加频率低于其谐振频率时，电路阻抗呈容性，相当于一个电容器。

二、并联谐振

1. 并联电路谐振条件和谐振频率

RLC 并联电路发生的谐振现象称为并联谐振。对于高内阻的信号源，需采用并联谐振电路。

并联谐振

电路如图 3-23(a)所示，是一个具有电阻的电感线圈和电容器并联的电路。电路的复导纳为

$$Y = \frac{1}{R+jX_L} + \frac{1}{-jX_C} = \frac{1}{R+j\omega L} + j\omega C$$

$$= \frac{R}{R^2+(\omega L)^2} - j\frac{\omega L}{R^2+(\omega L)^2} + j\omega C$$

电路发生谐振时，复导纳 Y 的虚部为零，即

$$\omega C = \frac{\omega L}{R^2+(\omega L)^2} \tag{3-41}$$

由式(3-41)可以看出，当电路的 ω、R、L 一定时，改变电容调谐，达到谐振所需的电容为

$$C = \frac{L}{R^2 + (\omega L)^2} \tag{3-42}$$

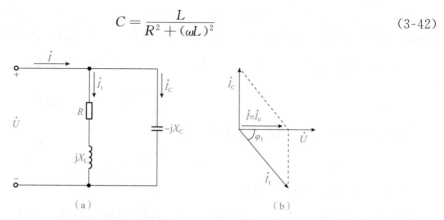

图 3-23 电感线圈与电容并联的谐振电路

(a)电路图；(b)相量图

当电路的 R、L、C 一定时，改变频率调谐，达到谐振时的角频率为

$$\omega_0 = \sqrt{\frac{1}{LC} - \frac{R^2}{L^2}} \tag{3-43}$$

从式(3-43)可以看出，只有当 $\dfrac{1}{LC} > \dfrac{R^2}{L^2}$ 时，ω_0 是实数，可通过调频使电路达到谐振。当 $\omega L \gg R$，线圈的品质因数很高时，并联谐振角频率为

$$\omega_0 \approx \frac{1}{\sqrt{LC}} \tag{3-44}$$

2. 并联谐振电路的基本特征

(1)谐振时的阻抗和电流。由图 3-23(b)可以看出，调节 C 使电路谐振时，I_C 应与 $I_1 \sin\varphi_1$ 相等，端口电流 I 与端口电压 U 同相。此时

$$I = I_0 = I_1 \cos\varphi_1$$

可见，谐振时的总电流最小，而总阻抗最大，且为

$$|Z_0| = \frac{U}{I_1 \cos\varphi_1} = \frac{U}{\dfrac{U}{\sqrt{R^2 + (\omega L)^2}} \times \dfrac{R}{\sqrt{R^2 + (\omega L)^2}}} = \frac{R^2 + (\omega L)^2}{R}$$

由上式可知

$$R^2 + (\omega L)^2 = \frac{L}{C}$$

因此

$$|Z| = |Z_0| = \frac{L}{RC} \tag{3-45}$$

式(3-45)表明，调节 C 使电路谐振时，总阻抗 $|Z|$ 与电源频率无关，其大小由电路的元件参数决定。

(2)谐振时各支路电流。由于高品质因数线圈的 $\omega L \gg R$，φ_1 接近于 $90°$，所以在谐振情况下，电感支路与电容支路的电流近似相等，并为端口电流的 Q 倍，即

$$I_{I0} = I_{C0} = QI_0 \qquad\qquad (3-46)$$

所以并联谐振又称为电流谐振。

【例3-17】 一个电感线圈的 $L=0.25$ mH, $R=13.7$ Ω 与一个 85 pF 的电容接成并联谐振电路。求谐振频率和谐振阻抗 $|Z_0|$。若要求谐振频率为 2 250 kHz, 求并联电容 C。

解：$f_0 = \dfrac{1}{2\pi\sqrt{LC}} = \dfrac{1}{2\times\pi\sqrt{0.25\times10^{-3}\times85\times10^{-12}}} = 1\ 100\text{(kHz)}$

$|Z_0| = \dfrac{L}{RC} = \dfrac{0.25\times10^{-3}}{13.7\times85\times10^{-12}} = 215\text{(k\Omega)}$

若谐振频率为 2 250 kHz 应并联电容为

$$C = \frac{1}{\omega_0^2 L} = \frac{1}{(2\pi\times2\ 250\times10^3)^2\times0.25\times10^{-3}} = 20\text{(pF)}$$

3. 并联谐振电路的频率特性

(1)当外加频率等于其谐振频率时, 其电路阻抗呈纯电阻性, 具有最大值, 在实际应用中称为选频电路;

(2)当外加频率高于其谐振频率时, 电路阻抗呈容性, 相当于一个电容器;

(3)当外加频率低于其谐振频率时, 电路阻抗呈感性, 相当于一个电感线圈。

三、谐振电路的防护与应用

1. 谐振在电子技术中的应用

谐振在电子系统中的应用有高频小信号谐振放大器, 广泛用于电视、广播、雷达、通信等接收设备中, 位于接收机前端; 也可用作谐振软开关, 从根本上改变了器件的开关方式, 使开关损耗在理论上降为零、开关频率提高不受限制, 是降低开关损耗和提高开关效率的有效方法。

2. 电力系统对谐振的防护

(1)电力系统中的谐振。电力系统中过电压现象较为普遍。引起电网过电压的原因主要有谐振过电压、操作过电压、雷电过电压及系统运行方式突变, 负荷剧烈波动引起系统过电压等。其中, 谐振过电压出现频繁, 其危害很大。

过电压一旦发生, 往往造成系统电气设备的损坏和大面积停电事故发生。据多年来电力生产运行的记载和事故分析表明, 中低压电网中过电压事故大多数是由于谐振现象引起的。日常工作中发现, 在刮风、阴雨等特殊天气时, 变电站 35 kV 及以下系统发生间歇性接地的频率较高, 当接地使得系统参数满足谐振条件时便会发生谐振, 同时产生谐振过电压。

谐振会给电力系统造成破坏性的后果: 谐振使电网中的元件产生大量附加的谐波损耗, 降低发电、输电及用电设备的效率, 影响各种电气设备的正常工作; 导致继电保护和自动装置误动作, 并会使电气测量仪表计量不准确; 会对邻近的通信系统产生干扰, 产生噪声, 降低通信质量, 甚至使通信系统无法正常工作。

谐振是一种稳态现象, 因此, 电力系统中的谐振过电压不仅会在操作或事故时的过渡过程中产生, 而且还可能在过渡过程结束后较长时间内稳定存在, 直到发生新的操作谐振条件受到破坏为止。所以, 谐振过电压的持续时间较长, 这种过电压一旦发生, 往往会造成严重后果。运行经验表明，谐振过电压可在各种电压等级的网络中产生，尤其在 35 kV 及以下的电网中，由谐振造成的事故较多，已成为系统内普遍关注的问题。

因此，必须在设计时事先进行必要的计算和安排，或者采取一定附加措施(如装设阻尼电阻等)，避免形成不利的谐振回路，在日常工作中，合理操作防止谐振的产生，降低谐振过电压幅值和及时消除谐振。在 6～35 kV 系统操作或故障情况下，系统振荡回路中往往由于变压器、电压互感器、消弧线圈等铁心电感的磁路饱和作用而激发起持续性的较高幅值的铁磁谐振过电压。

铁磁谐振可以是基波谐振、高次谐波谐振、分次谐波谐振。其共同特征是系统电压升高，引起绝缘闪络或避雷器爆炸；或产生高值零序电压分量，出现虚幻接地现象和不正确的接地指示；或者在 PT 中出现过电流，引起熔断器熔断或互感器烧坏；母线 PT 的开口三角绕组出现较高电压，使母线绝缘监视信号动作。各次谐波谐振不同特点主要在于：分次谐波谐振三相电压依次轮流升高，超过线电压，一般不超过 2 倍相电压，三相电压表指针在相同范围出现低频摆动。基波谐振时，两相电压升高，超过线电压，但一般不超过 3 倍相电压，一相电压降低但不等于零。高次谐波谐振时，三相电压同时升高或其中一相明显升高，超过线电压，但不超过 3～3.5 倍相电压。

(2)谐振事故解决方法。PT 在正常工作时，铁心磁通密度不高，不饱和；但如果在电压过零时突然合闸、分闸或单相接地消失，这时铁心磁通就会达到稳态时的数倍，处于饱和状态，这时，某一相或两相的激磁电流大幅度增加，当感抗与容抗参数匹配恰当(满足谐振条件)时，即会发生谐振，即铁磁谐振。发生谐振时，会在电感和电容两端产生 2～3.5 倍额定电压的过电压和几十倍额定电流的过电流，通过 PT 的电流远大于激磁电流，严重时会烧坏 PT 及其他设备。

防止谐振过电压的一般措施如下：

1)提高断路器动作的同期性。由于许多谐振过电压是在非全相运行条件下引起的，因此提高断路器动作的同期性，防止非全相运行，可以有效防止谐振过电压的发生。

2)在并联高压电抗器中性点加装小电抗。用这个措施可以阻断非全相运行时工频电压传递及串联谐振。破坏发电机产生自励磁的条件，防止参数谐振过电压。

防止谐振过电压的具体措施：35 kV 系统中性点经消弧线圈(加装消谐电阻)接地，并在过补偿方式下运行，它的电压作用在零序回路中。

尽量减少 6～35 kV 系统并联运行的 PT 台数。凡是 6～35 kV 母线分段的变电所，若母线经常不分段运行，应将一组 PT 退出作为备用；电力客户的 6～10 kV PT 一次侧中性点一律为不接地运行；更换伏安特性不良的 6～35 kV PT。6～35 kV 一次侧中性点串联阻尼电阻或二次侧开口三角形绕组并联阻尼电阻或消振器。6～10 kV 母线装设一组 Y 形接线中性点接地的电容器组。在 10 kV PT 高压侧中性点串联单相 PT。在实际工作中，谐振的发生往往伴随着接地故障，很多时候甚至就是由接地引起的，消除谐振常常采取的有效方法是改变系统运行方式以改变系统参数，破坏谐振条件。改变系统运行方式经常通过以下途径实现：投退电容器；增投线路。

若变电站有一台以上数目的主变，可视具体运行情况将原本并列(分列)运行的变压器分列(并列)；母线并解列。

若上述方法不能消振，应采用寻找线路单相接地故障的方法进行选线，选出故障线路后，立即将其切除。选线原则参照系统单相接地故障处理方法。此方法是最有效、最能解决问题的，但往往不一定能准确及时判断出接地线路，以致延误消振时间，所以，工作中为及时消除谐振一般先考虑选择上述四种途径。

小问答

1. 谐振有两种，分别是_____、_____，谐振是电路呈_____性质。

2. 谐振的条件是_____。

3. 谐振频率的表达式：_____、_____、_____。

项目实施

日光灯电路是一个典型的利用正弦交流电在实际生活中应用的例子。本项目介绍了正弦交流电的认知、正弦交流电路的分析、谐振电路的分析计算、家用日光灯电路的安装测试。

一、日光灯电路组成

如图 3-24 所示，日光灯电路由日光灯管、镇流器和启辉器三部分组成。

1. 日光灯管

日光灯管是一根玻璃管，它的内壁均匀地涂有一层薄薄的荧光粉，灯管两端各有一个阳极和一根灯丝。灯丝由钨丝制成，其作用是发射电子。阳极是两根镍丝，焊在灯丝上，与灯丝具有相同的电位，其主要作用是当它具有正电位时吸收部分电子，以减少电子对灯丝的撞击。另外，它还具有帮助灯管点燃的作用。灯管内还充有惰性气体（如氩气）与水银蒸气。由于有水银蒸气，当管内产生辉光放电时，就会放射紫外线。这些紫外线照射到荧光粉上就会发出可见光。

2. 镇流器

镇流器是绕在硅钢片上的电感线圈，在电路上与灯管相串联。其作用为：在日光灯启动时，产生足够的自感电动势，使灯管内的气体放电；在日光灯正常工作时，限制灯管电流。不同功率的灯管应配以相应的镇流器。

3. 启辉器

启辉器是一个小型的辉光管，管内充有惰性气体，并装有两个电极，其中一个由受热易弯曲的双金属片制成。

二、日光灯电路工作原理

图 3-25 所示为日光灯工作电路。刚接通电源时，灯管内气体尚未放电，电源电压全部加在启辉器上，使它产生辉光放电并发热，使双金属片受热膨胀，双金属片受热后趋于伸直，使金属片上的触点闭合，将电路间的电压降为零，于是有电流流过日光灯管两端的灯

丝和镇流器；辉光放电停止，双金属片经冷却后恢复原来位置，两触点重新分开，为了避免启辉器断开时产生火花，将触点烧毁，通常在两电极间并联一只极小的电容器。

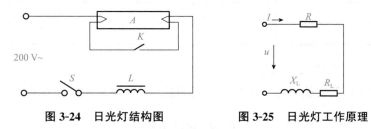

图 3-24　日光灯结构图　　　　图 3-25　日光灯工作原理

在双金属片冷却后触点断开瞬间，电路中电流突然减少，镇流器两端产生相当高的自感电势，这个自感电势与电源电压一起加到灯管两端，使灯管发生弧光放电，弧光放电所放射的紫外线照射到灯管的荧光粉上，就发出可见光。

灯管点亮后，较高的电压降落在镇流器上，灯管电压只有 100 V 左右，这个较低的电压不足以使启辉器放电，因此，它的触点不能闭合。这时，日光灯电路因有镇流器的存在形成一个功率因数很低的感性电路。

观察并联电容对整个电路功率因数的影响：日光灯电路可等效为电阻与电感的串联，整个电路的功率因数较低，若将电容器 C 并联与日光灯电路两端，通过观察电路功率因数所产生的变化，说明并联电容的意义。

三、日光灯电路的安装步骤

1. 清点材料

按图 3-26 所示的电路图接线。

日光灯电路
的安装及测试

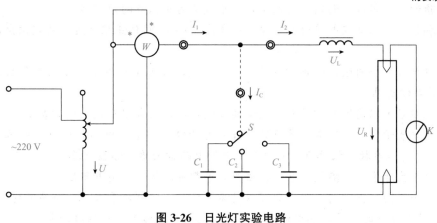

图 3-26　日光灯实验电路

2. 日光灯电路的测试

电容箱处于断开状态。接通交流 220 V 电压，使日光灯正常工作。测量电路电压 U、灯管电源 U_R、镇流器电源 U_L 及电流 I_2，功率因数 $\cos\varphi$（此时测得功率因数为日光灯功率因数），并记录在表 3-1 中。

表 3-1　测试数据

U/V	测量值				
	P/W	U_L/V	U_R/V	I_2/A	$\cos\varphi$
220					

3. 并联电容——电路功率因数的提高

逐渐增加电容 C 的数值，按上述"2."进行测量。将测量数据记录在表 3-2 中。

表 3-2　测试数据

电容值/μF	测量值				
	P/W	I_1/A	I_2/A	I_C/A	$\cos\varphi$

项 目 小 结

1. 正弦交流电的最大值、频率和初相叫作正弦交流电的三要素。

2. 瞬时值：用来描述交流电在变化过程中任一时刻的值。幅值：瞬时值中的最大值。

3. 角频率：单位时间内交流电变化的角度称为正弦量的角频率。

4. 相位：正弦交流电随时间变化，电角度 $(\omega t + \varphi)$ 叫作正弦交流电的相位角，简称相位。

5. 要计算几个同频率的正弦量的相加、相减，常采用相量法。复数和复数运算是相量法的数学基础。

6. 正弦量可以用振幅相量或有效值相量表示，但通常用有效值相量表示。

7. 用来表示电路元件基本性质的物理量称为电路参数。电阻、电感、电容是交流电路的三种基本参数。仅具有一种电路参数的电路称为单一参数电路。

8. 日常生活中的电烙铁、电炉、白炽灯等都可以认为是纯电阻性负载。

9. 一个线圈，当它的电阻小到可以忽略不计时，就可以看成是一个纯电感。

10. 端口电压的相量与端口电流的相量的比值称为该二端口网络的复阻抗。

11. 复导纳为端口电流相量与电压相量之比，用 Y 表示，单位为 S(西门子)。

12. 一瞬间，元件上的电压和电流的瞬时值的乘积，称为瞬时功率。

13. 有功功率(平均功率)：由于瞬时功率是随时间变化的，为便于计算，常用平均功率来计算交流电路中的功率。

14. 电感元件和电源之间进行能量交换的最大速率，称为纯电感电路的无功功率。用 Q 表示，无功功率的单位是乏耳(var)。

15. 电路端电压的有效值与电流有效值的乘积称为电路的视在功率，用 S 表示，单位为 $V \cdot A$(伏安)。

16. RLC 串联电路发生的谐振现象称为串联谐振。

17. RLC 并联电路发生的谐振现象称为并联谐振。

18. 日光灯电路由日光灯管、镇流器和启辉器三部分组成。

19. 日光灯的工作原理。

20. 日光灯的安装测试。

知识拓展

爱迪生发明直流电后，在世界各地的电器行业上得到了广泛应用，而电费同时也十分高昂，所以，经营输出直流电成了当时最赚钱的生意。到 1884 年，特斯拉脱离爱迪生公司后，遇上西屋公司负责人乔治·威斯汀豪斯，并在他的支持下于 1888 年，正式将交流电带给当时的整个社会。在 1893 年 1 月，位于芝加哥的一次世界博览会开幕礼中，特斯拉展示了交流电同时点亮了 9 万盏灯泡的供电能力，一举震慑了全场，因为直流电根本达不到这个效果。

从此，交流电咸鱼翻身，取代了直流电成为供电的主流。而特斯拉拥有着交流电的专利权，在当时，每生产一匹交流电，就必须向特斯拉缴纳 1 美元的版税。在强大的利益驱动下，当时一股财团势力要胁特斯拉放弃此项专利权，并意图独占年利。经过多番交涉后，特斯拉决定放弃交流电的专利权，条件是交流电的专利将永久公开，谁都不准用来牟利。从此他便撕掉了交流电的专利，损失了收取版税的权利。后来，交流电再也没有了专利权，成为一样免费的发明。

后人是这样评价特斯拉的：如果说爱迪生是一个伟大的发明家，那么特斯拉对人类所作出的贡献，要比爱迪生伟大很多。

课后习题

一、填空题

1. 正弦交流电的三要素是_____、_____、_____。

2. 周期、频率和角频率的关系表达式是_____。

3. 正弦交流电的有效值是最大值的_____倍。

4. 纯电阻电路电压电流的相位关系：_____；纯电容电路电压电流的相位关系：_____；纯电阻电路电压电流的相位关系：_____。

5. RLC 串联电路的复阻抗表达式是_____；当_____时，电路呈阻性；当_____时，电路呈感性；当_____时，电路呈容性。

6. RLC 并联电路的复导纳表达式是_____；当_____时，电路呈阻性；当

习题讲解

_____时，电路呈感性；当_____时，电路呈容性。

7. 有功功率是_____；无功功率是_____；视在功率是_____。

8. 串联谐振的条件是_____，谐振频率的计算公式是_____，串联谐振也叫作_____谐振；并联谐振的条件是_____，谐振频率的计算公式是_____，并联谐振也叫作_____谐振。

二、判断题

1. 交流电路中有功功率的单位是伏安。（　　）

2. 相位就是初相位。（　　）

3. 正弦量的初相位与计时起点的选择无关。（　　）

4. 串联谐振也叫作电压谐振。（　　）

5. 日光灯电路是电容性电路。（　　）

6. 复阻抗与复导纳互为倒数。（　　）

7. 导纳的单位是欧姆。（　　）

8. 纯电容电路中，电压超前于电流90度。（　　）

9. 有功功率也叫作平均功率。（　　）

10. 周期越长，正弦量变化得越快。（　　）

三、选择题

1. $i=5\sin(\omega t-230°)$ A，则 i 的初相位是（　　）。

A. $230°$　　　B. $-230°$　　　C. $130°$

2. $u=220\sqrt{2}\sin(314t-60°)$V，则 u 的周期是（　　）S。

A. 314　　　B. 0.02　　　C. 50

3. $u=220\sqrt{2}\sin(314t-60°)$V，则 u 的最大值是（　　）V。

A. 220　　　B. 311

4. 当（　　）时，RLC 电路呈电容性；当（　　）时，RLC 电路呈电感性；当（　　）时，RLC 电路呈电阻性。

A. $X_L>X_C$　　　B. $X_L<X_C$　　　C. $X_L=X_C$

5. 我国电力系统供电频率为（　　），称之为工频。

A. 60 Hz　　　B. 50 Hz

四、分析计算题

1. 写出下列正弦电压和电流的解析式：

(1) $U_m=311$ V，$\omega=314$ rad/s，$\varphi=-30°$；

(2) $I_m=10$ A，$\omega=10$ rad/s，$\varphi=60°$。

2. 画出下列正弦 i、u 波形，并指出其振幅、频率和初相各为多少？

(1) $u=20\sin(314t-30°)$V；

(2) $i=100\sin(100t+70°)$A。

3. 一正弦电流初相为 $\dfrac{\pi}{6}$，在 $t=\dfrac{T}{6}$ 时，其值为 10 A，写出该电流解析式。

4. 用电流表测得一正弦交流电路中的电流为 10 A，则其最大值 I_m 为多少安培？

5. 已知 $u_A=100\sin(628t+45°)$V，$u_B=141\sin(628t-30°)$V，求出这两者的相位差。

6. 把下列各正弦量化为相对应相量，并画相量图：

(1) $u = 100\sqrt{2}\sin(\omega t + 30°)$ V；

(2) $i = 3\sqrt{2}\sin(\omega t - 45°)$ A。

7. 将 RLC 串联电路接在 $u = 220\sqrt{3}\sin(314t - 30°)$ V 电源上，已知 $R = 10$ Ω，$L = 0.01$ H，$C = 100$ μF，求各元件电压解析式。

8. 在 RLC 串联电路中，已知 $R = 10$ Ω，$L = 0.7$ H，$C = 1\,000$ μF，$U = 100\angle 0°$，$\omega = 100$ rad/s，求电路中电流以及有功功率、无功功率、视在功率。

9. 在如图 3-27 所示的电路中，已知 $U = 220$ V，$R_1 = 100$ Ω，$X_1 = 50$ Ω，$R_2 = 40$ Ω，求各支路电流的大小。

10. 在如图 3-28 所示的电路中，已知 $U = 100\angle 0°$V，$R = 10$ Ω，$X_L = 10$ Ω，$X_C = 10$ Ω，求各支路电流、总电流与总有功功率。

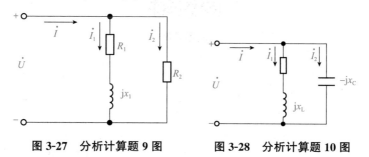

图 3-27　分析计算题 9 图　　　图 3-28　分析计算题 10 图

11. 已知 RLC 串联谐振电路，$L = 400$ mH，$C = 0.1$ mF，$R = 20$ Ω，电源电压 $U_S = 0.1$ V，求谐振频率 f_0、特性阻抗 ρ、品质因数 Q、谐振时的 U_{L0}、U_C 各为多少？

12. 已知 RLC 串联谐振电路，特性阻抗 $\rho = 1\,000$ Ω，谐振时的角频率 $\omega = 100$ rad/s，求元件 L 和 C 的参数值。

13. 已知 R、L 和 C 组成的并联谐振电路，$\omega = 100$ rad/s，$Q = 100$，$|Z| = 4$ kΩ，求元件 R、L、C 的参数值。

电工证初级考试真题

一、判断题

1. 电容器具有隔断直流电、导通交流电的性能。（　　）

2. 单位长度电力电缆的电容量与相同截面的架空线相比，电缆的电容大。（　　）

3. 交流发电机是应用电磁感应的原理发电的。（　　）

4. 交流钳形电流表可测量交直流电流。（　　）

5. 视在功率就是无功功率加上有功功率。（　　）

6. 日光灯点亮后，镇流器起降压限流作用。（　　）

二、选择题

1. 交流电流表指示的电流值，表示的交流电流的（　　）值。

　　A. 有效　　　　　　B. 最大　　　　　　C. 平均

2. RLC 串联交流电路中，什么时候电路总电阻等于 R（　　）。

　　A. 频率最高时　　　　　　　　B. 频率最低时

C. 电路串联谐振(XL＝XC)时　　　　　D. 电感或电容损坏时

3. 对颜色有较高区别要求的场所, 宜采用(　　)。

A. 彩灯　　　　　　B. 白炽灯　　　　　C. 紫色灯

4. 钳形电流表测量电流时, 可以在(　　)电路的情况下进行。

A. 短接　　　　　　B. 断开　　　　　　C. 不断开

5. 确定正弦量的三要素为(　　)。

A. 相位、初相位、相位差　　　　　　B. 最大值、频率、初相角

C. 周期、频率、角频率

真题答案

项目四 办公楼配电线路分析

项目描述

办公楼配电系统，需要满足供电可靠性核对电压质量的要求。在供电线路中，除考虑照明和普通办公设备所需的单相电220 V外，对于容量较大的用电设备(10千瓦以上)应有单独支路供电。在三相供电线路中，单相用电设备应均匀地分配到三相线路，尽可能做到三相平衡，每一相的电流在满载时不得超过额定电流值。

根据办公楼配电线路的设计原则，选择适合的供电电源电压，设计电源配电系统电路。

项目分解

办公楼配电线路分析

- 知识储备
  - 任务一 办公楼配电线路认知
    - 三相电源的产生
    - 三相电源连接
      - 三相电源的星形连接
      - 三相电源的三角形连接
    - 三相负载的连接
      - 三相负载的星形连接
      - 三相负载的三角形连接
- 知识储备
  - 任务二 办公楼三相交流电路的分析
    - 对称三相电路的分析
    - 不对称三相电路的分析
    - 三相电路的功率
- 知识储备
  - 任务三 办公楼三相交流电路的连接实施
    - 三相负载星形连接
    - 三相负载三角形连接
    - 操作注意事项
- 技能储备
  - 任务四 验电笔和钳形电流表的使用
    - 验电笔的使用
    - 钳形电流表的使用
- 项目实施
  - 办公楼配电系统的搭建
    - 供电电源电压的选择
    - 配电系统的布置

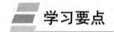
知识目标

1. 了解三相电源、三相负载的连接方式；

2. 理解对称三相负载和不对称三相负载；

3. 了解电力系统的基本组成、工厂供配电和民用供配电系统的特点。

能力目标

1. 能够判断三相交流电路的连接方式；

2. 能够分析三相交流电路；

3. 能够掌握验电笔的正确使用方法。

素质目标

养成遵守规章制度和操作规程的好习惯。

任务一　办公楼配电线路认知

任务描述

　　办公楼低压供电电网普遍采用三相四线制，在本任务中通过了解三相电源的产生与连接，学习什么是三相四线制，掌握三相负载的连接以解答在办公楼配电线路设计时保持三相平衡的重要性。

学习要点

三相电源的产生

一、三相电源的产生

三相交流电是由三相交流发电机产生的。三相交流发电机的原理示意如图 4-1 所示。

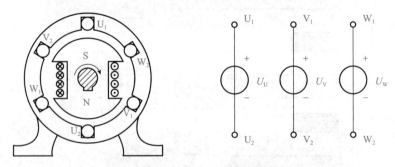

图 4-1　三相交流电源示意

(a)三相旋转磁极式发电机示意；(b)三相绕组及电动势正方向

在发电机的定子上均匀分布着匝数和尺寸都相同的三个绕组，U_1-U_2，V_1-V_2 和 W_1-W_2。它们在空间位置上各相差 120°。其中 U_1、V_1、W_1 分别为三个绕组的首端，U_2、V_2、W_2 分别为绕组的末端。

三相正弦交流电产生的原理：三相交流发电机转子磁场在空间是按正弦规律分布的，当转子以恒定转速旋转时，则在这三相绕组中感应出三个正弦交变电动势，三个电动势频变相同，振幅相等，相位上互差 120°。

当转子以角速度 ω 匀速转动时，在定子三个绕组中将产生三个振幅、频率完全相同，相位上依次相差 120°的正弦感应电动势，称为对称三相电源。设它们的方向都是由末端指向始端。这三个电源依次称为 U 相、V 相和 W 相，每一相对应的电压称为相电压，如图 4-1(b)所示。若以 U 相电压作参考正弦量，则它们的瞬时表达式为

$$u_U = \sqrt{2}U\sin\omega t$$
$$u_V = \sqrt{2}U\sin(\omega t - 120°)$$
$$u_W = \sqrt{2}U\sin(\omega t + 120°)$$

相当于三个独立的电压源。它们对应的相量式为

$$\dot{U}_U = U\angle 0°$$
$$\dot{U}_V = U\angle -120° \tag{4-1}$$
$$\dot{U}_W = U\angle 120°$$

三相对称电压的波形图和相量图如图 4-2 所示。由波形图和相量图可得出，三相电压瞬时值的和及其相量和均为零。即

$$u_U + u_V + u_W = 0$$
$$\dot{U}_U + \dot{U}_V + \dot{U}_W = 0 \tag{4-2}$$

三相电压到达最大值的先后次序叫作相序。当三相绕组的首尾端确定后，相序由发电机的旋转方向确定。把 U→V→W→U 叫正相序，简称正序。V→U→W→V 叫负相序，简称负序。三相发电机、三相变压器并联运行，三相电动机接入电源，都要考虑相序。工程上常用的相序是正序。并用黄色、绿色、红色的导线区别 U、V、W 三相。

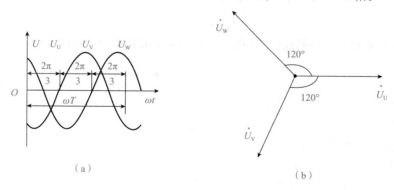

（a）   （b）

图 4-2　对称三相电源的波形图和相量图

（a）波形图；（b）相量图

1. 三相对称电压是三个振幅、频率_____相位_____的正弦感应电动势。

2. 三相电压的瞬时值之和为_____。

3. 相序是指_____。

二、三相电源连接

三相发电机的每一相绕组都可以看成是独立的电源,可以与负载单独闭合。但这种供电方式因供电线较多,结构复杂很不经济,通常采用星形和三角形连接。

(一)三相电源的星形连接(用 Y 表示)

将三相绕组末端连在一起,从首端引出三根线作为三相电源输出端,称为星形连接,如图 4-3 所示。末端连接点叫作中点,用 N 表示,从中点引出的线称为中线(零线),从首端引出的线称为相线、端线或火线。

三相电源向三相负载引三根相线和一根中线的三相电路,称为三相四线制,这种供电方式常在生产和生活中采用。在三相四线制供电方式中,相线和中线之间的电压称为相电压用 U_A、U_B、U_C 表示其有效值,且相位上相差 120°。因此三相相电压式对称的。相电压的有效值用 U_P 表示,$U_A = U_B = U_C = U_P$。

在三相四线制中,任意两极相线之间的电压,称为线电压,用 U_{AB}、U_{BC}、U_{AC} 表示其有效值。规定正方向角标由字母的先后顺序标明。例如,线电压 U_{AB} 的正方向是由 A 指向 B,书写时顺序不能颠倒,否则相位上相差 180°。根据基尔霍夫定律,从接线图 4-3 中可以得出线电压和相电压之间的关系

$$U_{AB} = U_A - U_B$$
$$U_{BC} = U_B - U_C$$
$$U_{CA} = U_C - U_A \tag{4-3}$$

其对应的相量式为

$$\dot{U}_{AB} = \dot{U}_A - \dot{U}_B$$
$$\dot{U}_{BC} = \dot{U}_B - \dot{U}_C$$
$$\dot{U}_{CA} = \dot{U}_C - \dot{U}_A \tag{4-4}$$

以 $\dot{U}_A$ 为参考矢量,根据式(4-4)可画出线电压与相电压的矢量图,如图 4-4 所示。

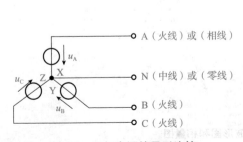

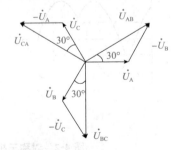

图 4-3 三相电源的星形连接　　图 4-4 星形连接时线电压与相电压的关系相量图

从图 4-4 可以看出，三个相电压和三个线电压都是对称的。线电压用 U_L 表示，即 $U_{AB}=U_{BC}=U_{AC}=U_L$。从图 4-4 还可看出，线电压在相位上超前对应的相电压为 30°，相电压有效值的大小为相电压有效值的 $\sqrt{3}$ 倍，即 $U_{AB}=2U_A\cos30°=\sqrt{3}U_A$。

同理可得 $\qquad\qquad\qquad U_{BC}=\sqrt{3}U_B \qquad U_{CA}=\sqrt{3}U_C$

即有 $\qquad\qquad\qquad\qquad\qquad U_L=\sqrt{3}U_P \qquad\qquad\qquad\qquad\qquad\qquad (4\text{-}5)$

写成相量式为

$$\left.\begin{array}{l} \dot{U}_{AB}=\sqrt{3}\dot{U}_A\angle30° \\[4pt] \dot{U}_{BC}=\sqrt{3}\dot{U}_B\angle30° \\[4pt] \dot{U}_{CA}=\sqrt{3}\dot{U}_C\angle30° \end{array}\right\} \qquad (4\text{-}6)$$

我国的供电系统，相电压为 220 V，线电压为 380 V。

（二）三相电源的三角形连接（用△表示）

电源的三个绕组把每相绕组的首端与另一相绕组的末端依次连接成一个闭合的三角形。再从三个三角形的顶点连接处分别引出三根端线，这种接法称为三相电源的三角形接法，如图 4-5 所示。

电源作三角形连接后，三个绕组便形成了一个阻抗很小的闭合回路，但由于各相电压大小相等，相位依次各差 120°，则对称三相电压的相量和等于零，即

$$\dot{U}_U+\dot{U}_V+\dot{U}_W=0 \qquad\qquad (4\text{-}7)$$

因而在回路中无环流。如果出现三相绕组电动势不对称，或者连接不正确，则回路中电压相量和不等于零，则在三相绕组中将产生很大的环流，电源绕组将被烧坏。因此，连接发电机或变压器的三相绕组要特别注意连接的次序，以免发生重大事故。

为防止发生事故，在电源三角形连接时，宜先接成开口三角形待检验。即在开口两端点并联电压表，如图 4-6 所示。

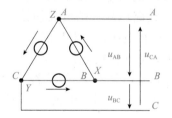

图 4-5　三相电源的三角形连接

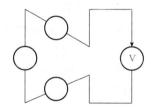

图 4-6　电源绕组三角形正确连接的确定

若电压表读数接近于零，则接法是正确的，可将开口处闭合。若电压表读数接近于 2 倍相电压，则说明一相接反，应立即纠正。若电源三相电动势对称，则线电压也是一组对称电压，各线电压 U_L 和各相电压 U_P 的有效值相等，即 $U_L=U_P$，相位互差 120°。三相电源的三角形连接形式也称作三相三线制，这种形式广泛应用在输变电线路中。

▰ 小问答

1. 三相电源星形连接中中线是指_____，火线是

指_____。

2. 三相电源星形连接时提供两种电压分别是_____电压和_____电压，两种电压的关系是_____。

3. _____，这种连接方式称为三相电源的三角形连接。

三、三相负载的连接

根据用电器对电源的要求，可分为单相负载和三相负载。工作时只需单相电源供电的用电器称为单相负载，如电冰箱、电视机、照明灯等。需要三相电源供电才能正常工作的用电器称为三相负载，如三相异步电动机等。

若每相负载的阻抗相等，且性质相同，则称为三相对称负载，否则称为三相不对称负载。

三相负载的连接方式有星形连接和三角形连接两种。

(一)三相负载的星形连接(Y 形)

三相负载作星形连接时，一般要接成三相四线制，若三相负载对称，则可接成三相三线制。

三相四线制星形接法电路如图 4-7 所示，每相负载的末端连接在一点 N′，并与电源中线相连；负载的另外三个端点分别和三根相线 A、B、C 相连。每相负载的公共点称为负载中点，每相负载 Z_A、Z_B、Z_C 分别接于电源各端线和中线之间，这样四根导线把电源和负载连接起来，构成了三相四线制星形连接。

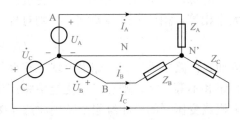

图 4-7　三相四线制星形接法电路

在三相电源和三相负载都是星形连接的三相四线制电路中，每相电源和该相负载相对独立，加在每相负载上的电压称为相电压。若不考虑线路压降，则负载的相电压就是电源的相电压，由于电源的三个相电压对称，因此负载上的相电压也是对称的。

在星形连接的三相四线制中，由于每相电源独立向每相负载供电，由中线把它们连接成闭合电路。我们把流经每相负载的电流叫作相电流，每根端线(火线)中的电流叫线电流。若规定三相线电流的正方向为从电源端流向负载端，则线电流就是相电流。从如图 4-7 所示的三相负载星形连接图可看出，$\dot{I}_A = \dot{I}_B = \dot{I}_C$。用 I_L 表示线电流，I_P 表示相电流，则 $I_L = I_P$。

$\dot{I}_A$、$\dot{I}_B$、$\dot{I}_C$ 这三个电流指向负载的中点 N′，中线电流的正方向从负载中点流向电源中点，根据节点电流定律：$\dot{I}_N = \dot{I}_A + \dot{I}_B + \dot{I}_C$。由于三相电源和三相负载都是对称的，则 $\dot{I}_A$、$\dot{I}_B$、$\dot{I}_C$ 也是对称的，相位相互差 120°，即 $\dot{I}_N = \dot{I}_A + \dot{I}_B + \dot{I}_C = 0$，中线没有电流。

(二)三相负载的三角形连接

三相对称负载也可以接成如图 4-8(a)所示的三角形。这时，加在每相负载上的电压是对称电源的线电压。因为各相负载对称，故各相电流也对称。相电流为

$$I_{ab} = I_{bc} = I_{ca}$$

$$\Phi_a = \Phi_b = \Phi_c$$

$$I_A = I_{ab} - I_{ca}$$

$$I_B = I_{bc} - I_{ab}$$

$$I_C = I_{ca} - I_{bc}$$

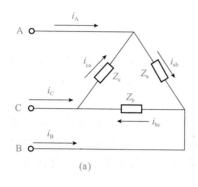

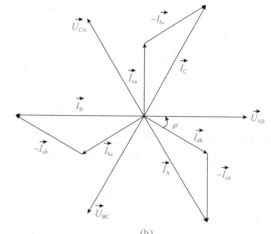

图 4-8　三相负载的三角形连接

作出线电流、相电流的矢量图如图 4-8(b)所示。从矢量图得

$$I_L = \sqrt{3}\, I_P \tag{4-8}$$

即线电流是相电流的 $\sqrt{3}$ 倍，在相位上滞后相应的相电流 30°。

三相负载三角形连接，若三相负载的阻抗相等，称之为三相对称负载。每相的相电流相等，此时由三相负载组成的闭合三角形中没有环流，若三相负载某一相短路（或断路），则三相负载每相的电压和电流就不同。

【例 4-1】　星形连接的对称三相负载 $Z = 15 + j9\ \Omega$，接到线电压为 380 V 的三相四线制供电系统上，求各相电流和中线电流。

解：由已知条件得，每相负载电压 $U_P = \dfrac{U_L}{\sqrt{3}} = \dfrac{380}{\sqrt{3}} \approx 220\,(\text{V})$

设电源 A 相相电压 $\dot{U}_U = 220\angle 0°\text{V}$

则相电流 $\dot{I}_U = \dfrac{\dot{U}_U}{Z} = \dfrac{220\angle 0°}{15 + j9} = \dfrac{220\angle 0°}{17.5\angle 30°} = 12.57\angle -31°\,(\text{A})$

根据对称性有
$$\dot{I}_V = 12.57\angle -151°\text{A}$$
$$\dot{I}_W = 12.57\angle 89°\text{A}$$

所以中线电流
$$\dot{I}_N = \dot{I}_A + \dot{I}_B + \dot{I}_C = 0$$

小问答

1. 三相对称负载是指＿＿＿＿＿＿＿＿＿＿＿＿＿＿＿＿＿＿＿＿＿＿＿＿。

2. 相电流是指＿＿＿＿＿＿＿＿＿＿＿＿＿＿＿＿＿＿＿＿＿＿＿＿＿；线电流

是指_____。

　　3. 线电流与相电流的关系是_____。

 知识拓展

国家加紧布局虚拟电厂

　　何为"虚拟电厂"？

　　虚拟电厂并不是个发电厂，而是一套能源管理系统。它安装在工厂等用电大户的控制终端，把可中断的如空调、照明等负荷纳入到控制序列，在不影响企业正常生产的情况下，通过精准控制达到供需平衡。

　　在江苏常州，一家商场的空调控制模块已接入负荷集控系统。该系统分析后发现，目前正是当地用电高峰，需降低用电负荷来平衡电网供需。30秒后，系统将商业综合体内功率为1 200千瓦的空调负荷自动降到600千瓦，商场内的温度只上升了1 ℃，并没有影响到顾客的购物体验。

　　按照以往，当出现较大用电负荷时，传统解决办法是在发电端扩建电厂、紧急调动备用发电资源，同时加强用电端的有序使用。

　　但是，如果仅仅通过扩建电厂来满足尖峰时段的用电需求，有可能在用电低谷期产生巨大浪费，有序用电造成的停工停产也会对企业生产造成冲击。因此，虚拟电厂成为有效解决用电负荷的新方案。

　　通过需求侧的响应将负荷降下来，对整个电力行业发展会产生更好的作用。

　　早在"十三五"时期，我国就已开展虚拟电厂的试点工作，部署多个虚拟电厂项目，取得很多经验和数据。例如，上海于2017年建成黄浦区商业建筑虚拟电厂示范工程。2019年，国家电网冀北电力公司优化创新虚拟电厂运营模式，并服务于北京冬奥会。

　　《"十四五"现代能源体系规划》进一步提出，开展工业可调节负荷、楼宇空调负荷、大数据中心负荷、用户侧储能、新能源汽车与电网能量互动等各类资源聚合的虚拟电厂示范。

　　2021年10月，国务院印发《2030年前碳达峰行动方案》，提出要大力提升电力系统综合调节能力，加快灵活调节电源建设，引导自备电厂、传统高载能工业负荷、工商业可中断负荷、电动汽车充电网络、虚拟电厂等参与系统调节。

任务二　办公楼三相交流电路的分析

任务描述

　　在办公楼配电线路中，有些用电设备需要三相电源供电，其本身就是一组三相负载，如中央空调、电梯等，这类负载大都是对称的；另一类用电设备只需要单相电源供电，如办公计算机、照明灯具等，这类负载应按一定顺序连接成三相负载，并且应尽量均匀地分配给三相电源，但在实际应用中，要做到对称是很难实现的。那么，根据负载的对称情况和负载的额定参数，如何决定采用三相四线制供电还是三相三线制供电，以及采用何种连接方式？

学习要点

一、对称三相电路的分析

若三相电源对称(即每相电压相等),三相负载也对称(即每相复阻抗相等),这样组成的三相电路称为对称三相电路。

在对称的 Y-Y 三相电路中(即电源是星形连接,负载也是星形连接),中性线线电流总是为零。中线的有无不影响电路的工作状态,中线可去掉。由于在实际应用中,三相负载绝对相等的情况较少,大多都处在相对均衡状态,为了防止负载出现严重不均衡时,从而损害电源的现象,因此,Y-Y 三相电路中的中线必须保留。在对称的 Y-△或△-△三相电路中,要求三相负载应绝对相等,否则三相电源将受到严重损伤。对于三相对称电路的计算,我们可取一相按正弦交流电路的计算规律进行,其他两相因与其对称,所以不必逐个计算,计算方法和步骤不再叙述。

二、不对称三相电路的分析

若三相电源三相负载和线路中有一部分不对称就称为三相不对称电路。

在实际工作中不对称三相电路大量存在,主要原因是三相负载的不对称,在对称的三相电路中若某一相负载发生短路(或开路),某一端线断开,该电路就失去了对称性,成为不对称电路。在 Y-Y 组成的三相不对称电路中,中线是绝对不能省掉的,否则电源将受到损害。不对称三相电路由于每一相都不同,因此,分析和计算都要逐相进行。

在实际应用中,为了使电源不受损害,负载相互不受到影响,应尽量使三相电路对称运行。

三、三相电路的功率

在三相电路中,三相有功功率等于各相有功功率的总和。三相无功功率等于各相无功功率的总和。

若各相负载的相电压为 U_U、U_V、U_W,各相负载的相电流为 I_U、I_V、I_W,各相电流、电压相位差为 φ_U、φ_V、φ_W,则三相有功功率为

$$P = P_U + P_V + P_W$$
$$= U_U I_U \cos\varphi_U + U_V I_V \cos\varphi_V + U_W I_W \cos\varphi_W$$

三相无功功率为

$$Q = Q_U + Q_V + Q_W$$
$$= U_U I_U \sin\varphi_U + U_V I_V \sin\varphi_V + U_W I_W \sin\varphi_W$$

若三相负载对称

$$P = 3U_P I_P \cos\varphi \qquad (4-9)$$

$$Q = 3U_P I_P \sin\varphi \qquad (4\text{-}10)$$

即
$$P = \sqrt{3} U_L I_L \cos\varphi \qquad (4\text{-}11)$$

$$Q = 3\sqrt{3} U_L I_L \sin\varphi \qquad (4\text{-}12)$$

三相视在功率为

$$S = \sqrt{P + Q} \qquad (4\text{-}13)$$

如果三相负载对称

则
$$S = \sqrt{(\sqrt{3} U_L I_L \cos\varphi)^2 + (\sqrt{3} U_L I_L \sin\varphi)^2}$$
$$= 3U_P I_P = \sqrt{3} U_L I_L \qquad (4\text{-}14)$$

对称情况下 $\lambda = \dfrac{P}{S} = \cos\varphi$，即一相负载的功率因数。

【例 4-2】 有一三相对称负载，每相阻抗 $Z = (16 + j12)\Omega$，电源电压为 380 V，计算接成星形和三角形时，电路的有功功率和无功功率。

解：星形连接时

$$U_P = \frac{U_L}{\sqrt{3}} = \frac{380}{\sqrt{3}} \approx 220(\text{V})$$

$$I_L = I_P = \frac{U_P}{|Z|} = \frac{220}{\sqrt{16^2 + 12^2}} = 11(\text{A})$$

$$P = \sqrt{3} U_L I_L \cos\varphi = \sqrt{3} \times 380 \times 11 \times \frac{16}{\sqrt{16^2 + 12^2}} = 5.8(\text{kW})$$

$$Q = \sqrt{3} U_L I_L \sin\varphi = \sqrt{3} \times 380 \times 11 \times \frac{12}{\sqrt{16^2 + 12^2}} = 4.35(\text{kvar})$$

三角形连接时

$$U_L = U_P = 380 \text{ V}$$

$$I_L = \sqrt{3} I_P = \sqrt{3} \times \frac{380}{\sqrt{16^2 + 12^2}} = 33(\text{A})$$

$$P = \sqrt{3} U_L I_L \cos\varphi = \sqrt{3} \times 380 \times 33 \times \frac{16}{\sqrt{16^2 + 12^2}} = 17.4(\text{kW})$$

$$Q = \sqrt{3} U_L I_L \sin\varphi = \sqrt{3} \times 380 \times 33 \times \frac{12}{\sqrt{16^2 + 12^2}} = 13.03(\text{kvar})$$

将两次计算结果作比较，在相同的电源电压下，三角形连接时的线电流、有功功率、无功功率是星形连接时的 3 倍。

小问答

1. 三相对称电路有功功率的计算公式是_____。
2. 三相对称电路无功功率的计算公式是_____。
3. 三相对称电路视在功率的计算公式是_____。

知识拓展

三项电路功率的测量方法

1. 一表法。即利用单相功率表直接测量三相三线制 Y 形对称电路中任意相的功率，然后乘以 3，即可得出三相所消耗的功率。

2. 两表法。在三相三线制电路中，无论其电路是否对称，都可以用两表法来测量它的功率。其三相总功率为两个功率表读数的代数和。

3. 三表法。在三相四线制电路中，不论其对称与否，都可以利用三只功率表测量出每相的功率，然后将三个读数相加即三相总功率。

任务三　办公楼三相交流电路的连接实施

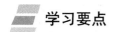

　　根据办公楼内不同设备和三相电源的额定电压不同，负载的连接方式也不同，那么，本任务就来介绍三相负载星形连接和三角形连接的实际连接方式。

▦ 学习要点

三相电路
的星角启动

　　三相负载可接成星形或三角形。当三相负载的额定电压与电源的线电压相同时，应接成三角形；当三相负载的额定电压与电源的相电压相同时，则应接成星形。

一、三相负载星形连接

当负载对称时有

$$U_L = \sqrt{3}U_P, I_L = I_P, I_N = 0$$

当负载不对称时（三相四线制）有

$$U_L = \sqrt{3}U_P, I_L = I_P, I_N \neq 0$$

　　由上述分析可知，负载对称时中线电流为零，有无中线均可。当负载不对称时中线电流不为零，这种情况下中线一旦断开，负载上的电压有高有低不再是对称电压，致使负载不能正常工作，甚至造成严重后果。中线的作用是无论负载对称与否，使三相负载各相的电压等于电源的相电压，确保各相负载在对称电压下正常工作。为防止中线断开，中线上不允许连接熔断器或开关。

二、三相负载三角形连接

当负载对称时有

$$U_L = U_P, I_L = \sqrt{3}\,I_P$$

当负载不对称时有

$$U_L = U_P, I_L \neq \sqrt{3}\,I_P$$

三、操作步骤

1. 三相负载星形连接(三相四线制)

按图 4-9 所示的连接实验电路,即三相灯组负载经三相自耦调压器接通三相对称电源,并将三相调压器的旋柄置于三相电压输出为"0"V 的位置(即逆时针旋到底的位置),经指导教师检查合格后,方可合上三相电源开关,然后调节调压器的输出,保证线电压为 220 V。并按以下步骤完成各项实验,分别测出三相负载的线电压、相电压、线电流、相电流、中线电流、电源中性点与负载中性点之间的电压。将测量到的数据记入表 4-1 中,并注意观察各相灯组亮暗的变化程度,特别要注意观察中线的作用。

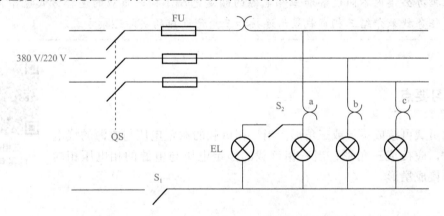

图 4-9 三相负载星形连接图

表 4-1 三相负载星形连接实验表

测量数据 负载情况	相电压/V			线电流/A			线电压/V						I_0/A	U_N/V
	$U_{相}$	$V_{相}$	$W_{相}$	I_U	I_V	I_W	U_U	U_V	U_W	U_{U0}	U_V	U_W		
Y_0 接对称														
Y 接对称														
Y_0 接不对称														
Y 接不对称														
Y_0 接 V 相断开														
Y 接 V 相断开														
Y 接 V 相短路														

2. 三相负载三角形连接(三相三线制)

按图 4-10 所示的连接实验电路,经指导教师检查合格后接通三相电源,并调节调压器使线电压输出为 220 V。分别测出三相负载的线电压、线电流和相电流,将测量到的数据记入表 4-2 中。

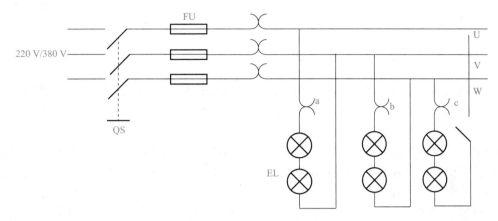

图 4-10　三相负载三角形连接

表 4-2　三相负载三角形连接实验表

测量数据 负载情况	开灯盏数			线电压＝相电压/V			线电流/A			相电流/A		
	U-V 相	V-W 相	W-U 相	U_{UV}	U_{VW}	U_{WU}	I_U	I_V	I_W	I_{UV}	I_{VW}	I_{WU}

3. 操作注意事项

(1)接线时要严格遵守先接线,再通电;先断电,再拆线的原则。

(2)星形负载作短路实验时,必须首先断开中线,以免发生短路事故。

(3)测量、记录各电压、电流时,注意分清它们是哪一相、哪一线,防止记错。

任务四　验电笔和钳形电流表的使用

任务描述

　　在配电线路的连接工程中少不了会使用到一些常用的电工工具,这里就介绍验电笔和钳形电流表两种。验电笔俗称电笔,是一种常用的电工工具。它可以被用来判断家庭照明电路中的零线和火线,也可以被用来判断家用电器是否存在漏电现象。那么验电笔是利用什么原理工作的呢?要如何正确地使用验电笔呢?我们知道在用万用表测量电路中的电流时,需要将表串联于电路中,容易破坏电路,有了钳形电流表就解决了这个难题,那么它的工作原理是什么呢?又该如何使用呢?

学习要点

一、验电笔的使用

(一)验电笔的原理与类型

验电笔前端为金属探头,用来与所检测设备进行接触。后端也是金属物,可能是金属挂钩,也可能是金属片,用来与人体接触。中间的绝缘管内是能发光的氖灯、电阻及压力弹簧。

验电笔根据所测电压的不同分为三类:高压验电笔可以用来检测电压在 10 kV 以上的项目;低压验电笔则适用于对电压范围在 500 V 以下的带电设施的检测;当测试电压范围在 6～24 V 时,常常使用弱电验电笔。

验电器是利用电流通过验电器、人体、大地形成回路,其漏电电流使氖泡起辉发光而工作的。

(二)验电笔的使用方法

(1)使用验电笔之前首先要对验电笔进行校验,以确定验电笔的功能正常。可以在已知电源上进行测试,检查氖泡是否发光。还要检查验电笔是否受潮或进水,以保证人员自身的安全。

(2)使用验电笔进电场测试之前,检测所在场所的电压是否适用。不要尝试用验电笔测试高于适用范围的电压,以免发生危险。

(3)用验电笔时,请勿用手触及验电笔前端的金属探头以免发生触电事故;使用验电笔一定要用手触及验电笔尾端的金属片或金属钩(图 4-11)。通常氖泡发光则为火线,不亮则为零线。如果没有这样做,虽然验电笔的氖泡没有发光,但因为带电体、验电笔、人体和大地并没有形成回路,不能正确判断带电体是否带电,一旦误判将非常危险。

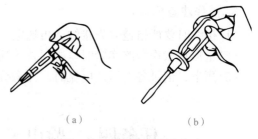

（a） （b）

图 4-11 验电笔的正确拿法
(a)笔式;(b)螺钉旋具式

(4)在明亮的光线下使用验电笔时要尤其注意判断验电笔的氖泡是否真的发亮,很多事故都是由于粗心误判造成的,一定要对此加以避免。

(5)使用验电笔时最好穿上绝缘鞋,防患于未然。

(6)判断同相电还是异相电时,一定要记得两脚与地必须绝缘。双手各执笔测试,无论两支笔都亮还是只有一支亮,都是一样的,不亮是同相电,只要发光就是异相电。

(7)对高电压设备用验电笔进行验电的时候,首先必须严格执行操作监护制度,有人进行操作的同时,一人在旁进行监护。操作者要在前面,监护人在后面。使用验电笔时,一定要注意额定电压和被测电气设备的电压等级的适配。验电时,操作人员务必要带上绝缘手套,穿上绝缘鞋,以防止出现接触电压伤害人体。操作者要先在有电设备上进行对验电笔的检验。对多层线路进行带电检验时，要先验低压，然后再测验高压，要先上层再下层。

二、钳形电流表的使用

(一)钳形电流表的原理

钳形电流表简称钳形表。其工作部分主要由一只电磁式电流表和穿心式电流互感器组成。穿心式电流互感器铁心制成活动开口，且呈钳形，故名为钳形电流表。钳形电流表是一种不需断开电路就可直接测电路交流电流的携带式仪表，在电气检修中使用非常方便，应用相当广泛。

钳表实质上是由一只电流互感器、旋钮、钳形扳手和一只整流式磁电系有反作用力仪表所组成(图 4-12、图 4-13)。

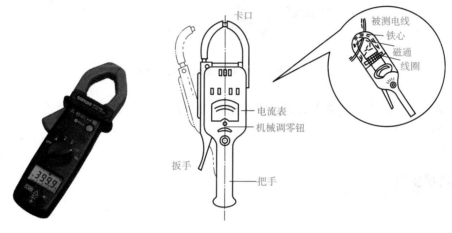

图 4-12　钳形电流表实物图　　　　图 4-13　钳形电流表结构图

(二)钳形电流表的使用方法

首先，根据被测电流的种类，电压等级正确选择钳形电流表，被测电路的电压等级应与钳形表的额定电压等级相匹配，不能用低电压的钳形表测高电压线路电流。

在使用前要认真检查钳形电流表的外观情况，一定要检查表的绝缘性能是否良好，外壳有无损坏，手柄应清洁干净。若指针设置在零位，应进行机械调零。钳形表的钳口应紧密接合，若指针抖晃，要重新开闭一次钳口，如抖晃仍然存在，应仔细检查，注意清除钳口杂物污垢，然后进行测量。由于钳形表要接触被测线路，因此钳形电流表不能测量裸导体电流。用高压钳形电流表测量时，应由两人操作，测量时应戴绝缘手套，站在绝缘垫上，不能触及其他设备，以防短路或接地。

在使用时应按笔扳手，使钳口张开，将被测导线放入钳口中央，然后松开扳手并使钳口闭合紧密，不可同时钳住两根导线，如图 4-14 所示。读数后，将钳口张开，将被测导线退出，将挡位置于电流最高挡或 OFF 挡。根据被测电流大小来选择合适的钳形电流表的量程。选择的量程度稍大于被测电流数值，若无法估计，为防止损坏钳形电流表，应从最大量程开始测量，逐步变换挡位直至量程合适。严禁在测量进行过程中，切换钳形电流表的挡位，换挡时应先将被测导线从钳口退出再更换挡位。当测量小于 5 A 以下的电流时，为使读数更准确，在条件允许下，可将被测载流导线绕数圈后放入钳口进行测量。此时，被测导线实际电流值应等于仪表读数值除以钳口的导线圈数。测量时应注意身体各部分与带电体保持安全距离，低压系统安全距离为 0.1～0.3 m。测量高压电缆各相电流时，电缆头线间距离应在 300 mm 以上，且绝缘良好。观测表计时，要注意保持头部与带电部分的安全距离，人体任何部分与带电体的距离不得小于钳形表的整个长度。

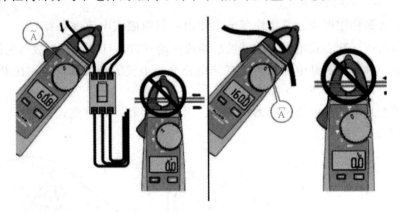

图 4-14　钳形电流表测电流示意

测量结束后，钳形电流表的开关要拨至最大量程，以免下次使用时不慎过流，并应保存在干燥的室内。

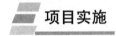 项目实施

一、供电电源电压的选择

为保证供电可靠性，办公楼电源由市供电引来两路独立的 10 kV 高压电源，采用电缆埋地敷设方式，向办公楼变配电室供电，两路电源同时供电，互为备用。其中 G1 柜为照明柜，G2 柜为动力柜。为了保证供电可靠性，现代高层建筑至少应有两个独立电源，具体数量应视负荷大小及当地电网条件而定。两路独立电源运行方式，原则上是两路同时供电，互为备用。保证事故照明、计算机设备、消防设备、电梯设备等的事故用电。办公楼变配电室、弱电配电室、消防控制中心均可设置在地下一层或二层。

二、配电系统的布置

配电的接线方式有树干式、放射式和混合式。树干式接线方式导线和设备都较省，比较经济，但当干线发生故障时影响面大，供电可靠性差；放射式接线供电可靠性高，但导线和设备用量大。为提高供电系统的用电可靠性，同时达到节能要求，办公楼采用混合式接线。由配电所到各楼为放射式，由各楼各总配电箱到各分配电箱、用电设备为树干式。办公楼水泵、消防控制供电，地下室、一层、二层的动力，地下室照明配电属于二级负荷，由配电间引来两路三相电源供电，通过配电箱送至各用电设备、回路，如图 4-15 所示。各

总配电箱电源采用三相五线制，以 TN-C-S 系统接地，动力配电一般采用三相四线，TN-S系统接地。一层、二层照明，办公照明系统为三级负荷，由配电间引来单相电源，通过总配电箱送至各用户配电箱如图 4-16 所示。

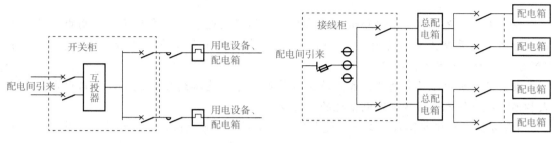

图 4-15　两路电源供电系统图　　　　　**图 4-16　单路电源供电系统**

项 目 小 结

　　1. 三相正弦交流电产生的原理：三相交流发电机转子磁场在空间是按正弦规律分布的，当转子以恒定转速旋转时，则在这三相绕组中感应出三个正弦交变电动势，三个电动势频变相同，振幅相等，相位上互差120°。

　　2. 三相电源通常采用星形和三角形连接。将三相绕组末端连接在一起，从首端引出三根线作为三相电源输出端，称为星形连接；电源的三个绕组把每相绕组的首端与另一相绕组的末端依次连接成一个闭合的三角形，称为三角形连接。

　　3. 三相负载的连接方式有星形连接和三角形连接两种。

　　4. 在三相电源和三相负载都是星形连接时构成三相四线制电路。

　　5. 三相电路可分为对称三相电路和不对称三相电路两种类型。

　　6. 若三相电源对称(即每相电压相等)，三相负载也对称(即每相复阻抗相等)，这样组成的三相电路称为对称三相电路。

　　7. 若三相电源三相负载和线路中有一部分不对称就称之为三相不对称电路。

　　8. 在三相电路中，三相有功功率等于各相有功功率的总和。三相无功功率等于各相无功功率的总和。

　　9. 在进行三相电路接线时要严格遵守先接线，再通电；先断电，再拆线的原则。

　　10. 星形负载作短路实验时，必须首先断开中线，以免发生短路事故。

　　11. 用验电笔时，勿要用手触及验电笔前端的金属探头。

　　12. 用钳形电流表进行电流测量时，被测载流体的位置应放在钳口中央，以免产生误差。

　　13. 钳形电流表同一时刻只能测量一根导线，不可同时放入两根及以上导线。

　　14. 用钳形电流表进行电流测量时，测量前应估计被测电流的大小，选择合适的量程，在不知道电流大小时，应选择最大量程，再根据指针适当减小量程，但不能在测量时转换量程。

供电系统就是由电源系统和输配电系统组成的产生电能并供应和输送给用电设备的系统。电力供电系统大致可分为 TN、IT、TT 三种。其中 TN 系统又分为 TN-C、TN-S、TN-C-S 三种表现形式。

在 TN 系统中，所有电气设备的外露可导电部分均连接到保护线上，并与电源的接地点相连，这个接地点通常是配电系统的中性点。

TN 系统称作保护接零。当故障使电气设备金属外壳带电时，形成相线和地线短路，回路电阻小，电流大，能使熔丝迅速熔断或保护装置动作切断电源。TN 系统的电力系统有一点直接接地，电气装置的外露可导电部分通过保护导体与该点连接。

TN 系统通常是一个中性点接地的三相电网系统。其特点是电气设备的外露可导电部分直接与系统接地点相连，当发生碰壳短路时，短路电流即经金属导线构成闭合回路。形成金属性单相短路，从而产生足够大的短路电流，使保护装置能可靠动作，将故障切除。

如果将工作零线 N 重复接地，碰壳短路时，一部分电流就可能分流于重复接地点，会使保护装置不能可靠动作或拒动，使故障扩大化。

在 TN 系统中，也就是三相五线制中，因 N 线与 PE 线是分开敷设，并且是相互绝缘的，同时与用电设备外壳相连接的是 PE 线而不是 N 线。因此，我们所关心的最主要的是 PE 线的电位，而不是 N 线的电位，所以，在 TN-S 系统中重复接地不是对 N 线的重复接地。如果将 PE 线和 N 线共同接地，由于 PE 线与 N 线在重复接地处相接，重复接地点与配电变压器工作接地点之间的接线已无 PE 线和 N 线的区别，原由 N 线承担的中性线电流变为由 N 线和 PE 线共同承担，并有部分电流通过重复接地点分流。由于这样可以认为重复接地点前侧已不存在 PE 线，只有由原 PE 线及 N 线并联共同组成的 PEN 线，原 TN-S 系统所具有的优点将丧失，所以不能将 PE 线和 N 线共同接地。

由于上述原因在有关规程中明确提出，中性线（即 N 线）除电源中性点外，不应重复接地。

1. TN-S 系统

TN-S 系统中保护线和中性线分开，系统造价略贵。除具有 TN-C 系统的优点外，由于正常时 PE 线不通过负荷电流，故与 PE 线相连的电气设备金属外壳在正常运行时不带电，所以适用于数据处理和精密电子仪器设备的供电，也可用于爆炸危险环境中。在民用建筑内部、家用电器等都有单独接地触点的插头。采用 TN-S 供电既方便又安全。

2. TN-C 系统

TN-C 系统中保护线与中性线合并为 PEN 线，具有简单、经济的优点。当发生接地短路故障时，故障电流大，可使电流保护装置动作，切断电源。

该系统对于单相负荷及三相不平衡负荷的线路，PEN 线总有电流流过，其产生的压降，将会呈现在电气设备的金属外壳上，对敏感性电子设备不利。此外，PEN 线上微弱的电流在危险的环境中可能引起爆炸，所以有爆炸危险环境不能使用 TN-C 系统。

3. TN-C-S 系统

TN-C-S 系统 PEN 线自 A 点起分开为保护线（PE）和中性线（N）。分开以后 N 线应对地绝缘。为防止 PE 线与 N 线混淆，应分别给 PE 线和 PEN 线涂上黄绿相间的色标，N 线涂以浅蓝色色标。另外，自分开后，PE 线不能再与 N 线合并。

TN-C-S 系统是一个广泛采用的配电系统，无论在工矿企业还是在民用建筑中，其线路结构简单，又能保证一定安全水平。

 课后习题

一、填空题

1. 三相对称交流电具有_____相等，_____相同，相位互差_____的三个特征。

2. 三相电动势随时间按正弦规律变化，它们到达最大值（或零值）的先后次序，叫作_____。三个电动势按 U-V-W-U 的顺序，称为_____；若按 U-W-V-U 的顺序，称为_____。

习题讲解

3. 三相四线制供电电路中，相电压是指_____和_____之间的电压，线电压是指_____和_____之间的电压，且 $U_L =$ _____ U_P。

4. 目前，我国低压三相四线制配电线路供给用户的线电压为_____，相电压为_____。

5. 三相负载接到三相电源中，若各相负载的额定电压等于电源线电压，负载应作_____连接，若各相负载的额定电压等于电源线电压的 $\dfrac{1}{\sqrt{3}}$ 时，负载应作_____连接。

6. 同一三相对称电源作用下，同一对称三相负载作三角形连接时的线电流是星形连接时的线电流的_____倍，作三角形连接时的有功功率是星形连接时的_____倍。

7. 对称三相负载星形连接，通常采用_____制供电，不对称三相负载星形连接时一定要采用_____制供电。在三相四线制供电系统中，中线起_____作用。

8. 三相负载接法分_____和_____。其中，_____接法线电流等于相电流，_____接法线电流等于 $\sqrt{3}$ 倍相电流。

9. 对称三相电路，负载为星形连接，测得各相电流均为 5 A，则中线电流 $I_N =$ _____；当 U 相负载断开时，则中线电流 $I_N =$ _____。

10. 三相电源绕组的三个末端 X、Y、Z 接到一起，构成一个公共点，称为_____。

二、选择题

1. 在对称三相电压中，若 V 相电压 $u_V = 220\sqrt{2}\sin(314t + \pi)\mathrm{V}$，则 U 相和 W 相电压为（　　）。

A. $u_U = 220\sqrt{2}\sin\left(314t + \dfrac{\pi}{3}\right)\mathrm{V}$，$u_W = 220\sqrt{2}\sin\left(314t + \dfrac{\pi}{3}\right)\mathrm{V}$

B. $u_U = 220\sqrt{2}\sin\left(314t - \dfrac{\pi}{3}\right)\mathrm{V}$，$u_W = 220\sqrt{2}\sin\left(314t + \dfrac{\pi}{3}\right)\mathrm{V}$

C. $u_U = 220\sqrt{2}\sin\left(314t - \dfrac{\pi}{3}\right)\mathrm{V}$，$u_W = 220\sqrt{2}\sin\left(314t - \dfrac{\pi}{3}\right)\mathrm{V}$

D. $u_U = 220\sqrt{2}\sin\left(314t + \dfrac{\pi}{3}\right)\mathrm{V}$，$u_W = 220\sqrt{2}\sin\left(314t - \dfrac{\pi}{3}\right)\mathrm{V}$

2. 三相对称电源是指三个大小相同、频率相同、相位互差（　　）度的正弦交流电动势。

A. 90   B. 120   C. 150   D. 180

3. 在三相电源中，若线电压有效值为 380 V，则相电压为（　　　）V。

A. 220   B. 380   C. 110   D. 420

4. 下列四个选项中，结论错误的是（　　　）。

A. 负载做星形连接时，线电流必等于相电流

B. 负载三角形连接时，线电流必等于相电流

C. 当三相负载越接近对称时，中线电流越小

D. 三相对称负载星形和三角形连接时，其总有功功率均为 $P=\sqrt{3}U_LI_L\cos\varphi$

5. U 相、V 相、W 相分别用（　　　）颜色标记。

A. 黄、绿、红   B. 绿、红、黄

C. 红、绿、黄   D. 红、蓝、黑

三、判断题

1. 将三相绕组末端连接在一起，从首端引出三根线作为三相电源输出端，称为星形连接。（　　　）

2. 三相负载作三角形连接时，相电流在数值上和线电流一样。（　　　）

3. 对称三相 Y 接电路中，线电压超前与其相对应的相电压 30°电角。（　　　）

4. 三相对称负载作三角形连接时，负载相电压等于电源线电压。（　　　）

5. 三相四线制在供电时，中线使三相负载成为三个互不影响的独立回路。（　　　）

6. 三相供电与单相供电比，输电成本低。（　　　）

四、计算题

1. 有一对称三相负载，每相负载的 $R=8\ \Omega$，$X_L=6\ \Omega$，电源电压为 380 V。求：

(1)负载连接成星形时的线电流、相电流和有功功率；

(2)负载连接成三角形时的线电流、相电流和有功功率。

2. 星形连接的三相负载，如图 4-17 所示。每相电阻 $R=6\ \Omega$，感抗 $X_L=8\ \Omega$。电源电压对称，设 $u_{UV}=380\sqrt{2}\sin(\omega t+30°)$ V，试求相电流并写出瞬时值表达式。

3. 一台三相交流电动机，定子绕组星形连接于 $U_L=380$ V 的对称三相电源上，其线电流 $I_L=2.2$ A，$\cos\varphi=0.8$。试求每相绕组的阻抗 Z。

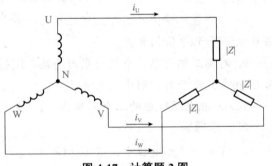

图 4-17　计算题 2 图

电工证初级考试真题

一、判断题

1. 一台定子绕组星形连接的三相异步电动机，若在起动前时 A 相绕组断线，则电动机将不能转动，即使施以外力作用于转子也不可能转动。（　　　）

2. 路灯的各回路应有保护，每一灯具宜设单独熔断器。（　　　）

3. 在三相交流电路中，负载为三角形接法时，其相电压等于三相电源的线电压。（　　　）

4. 事故照明不允许和其他照明共用同一线路。（　　　）

二、选择题

1. 单相两孔插座安装接线时，相线接（　　　）。

　　A. 面向插座右侧的孔　　B. 面向插座左侧的孔　　C. 两个孔都可以

2. 三相异步电动机合上电源后发现转向相反，这是因为（　　　）。

　　A. 电源一相断开

　　B. 电源电压过低

　　C. 定子绕组接地引起的

　　D. 定子绕组与电源相连接时相序错误

3. 电动机铭牌上的"温升"，指的是（　　　）的允许温升。

　　A. 定子绕组　　　　　　B. 定子铁心　　　　　　C. 转子

4. 三角形接法的三相异步电动机，若误接成星形，则在额定负载转矩下运行时，其铜耗的温升会（　　　）。

　　A. 不变　　　　　　　　B. 减小　　　　　　　　C. 增大

5. 三相对称的交流电源采用星形连接时，线电压在相位上（　　　）相电压。

　　A. 滞后30°于　　　　　B. 超前30°于　　　　　C. 等于　　　　　　D. 超前90°

6. 三相交流电动机绕组末端连接成一点，始端引出，这种连接称为（　　　）连接。

　　A. 三角形　　　　　　　B. 圆形　　　　　　　　C. 星形　　　　　　D. 双层

7. 在检查插座时，电笔在插座的两个孔均不亮，首先判断是（　　　）。

　　A. 相线断线　　　　　　B. 短路　　　　　　　　C. 零线断线

8. 单相三孔插座的上孔接（　　　）。

　　A. 零线　　　　　　　　B. 相线　　　　　　　　C. 地线

9. 在易燃易爆场所使用的照明灯具应采用（　　　）灯具。

　　A. 防潮型　　　　　　　B. 防爆型　　　　　　　C. 普通型

真题答案

项目五 变配电室变压器工作原理分析

✳ 项目描述

　　楼宇变配电室是变换电压、分配电能的场所,由变电和配电两部分组成,其中配电已经在项目四中有所掌握,本项目重点了解变电原理。变电的功能是变换电压和交换电能,实现变电功能的主要设备就是变压器。

　　楼宇通常采用的是10 kV的电源,经过进线柜将电能输送到10 kV的母线上,再经出线柜送至变压器,变压器将10 kV降压成380 V,最后为各低压负载供电。

　　本项目我们就来研究搭建一个楼宇变电设备时,配电变压器的连接组别接线方式,以及如何选择楼宇配电变压器。

项目分解

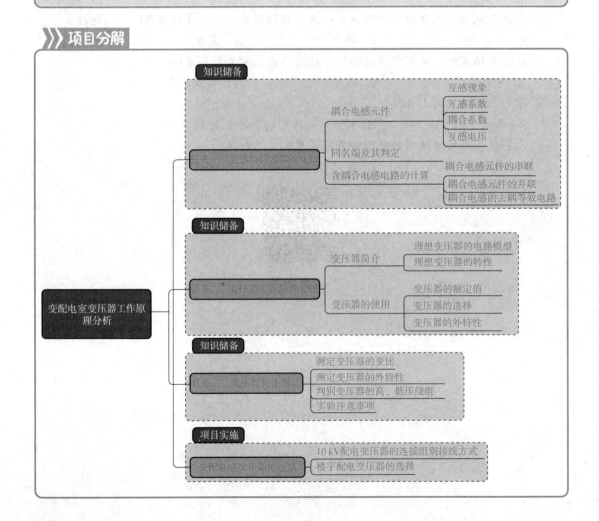

140

任务一   互感与同名端的认知

任务描述

在电力系统中，把发电机发出的电压升高后进行远距离输电，达到目的地以后再用变压器把电压降低供用户使用。楼宇变配电室也是通过变压器将 10 kV 高压转换成 380 V 和 220 V 电压输出，变压器是变电设备的核心部件，那么变压是利用两个线圈互感的原理来实现的变压、变流作用。本任务介绍耦合电感元件、同名端及其判断、含耦合电感电路的计算。

学习要点

互感及同名端

一、耦合电感元件

耦合电感元件属于多端元件，在实际电路中，如收音机、电视机中的中周线圈、振荡线圈，整流电源里使用的变压器等都是耦合电感元件，熟悉这类多端元件的特性，掌握包含这类多端元件的电路问题的分析方法是非常必要的。

(一)互感现象

在交流电路中，如果一个线圈的附近还有另外一个线圈，当其中一个线圈中的电流变化时，不仅在本线圈中产生感应电压，而且在另一个线圈中也要产生感应电压，这种现象称为互感现象，由此产生的感应电压称为互感电压。这样的两个线圈称为互感线圈。

图 5-1 所示为两个相距很近的线圈，匝数分别为 N_1、N_2，为讨论方便，规定每个线圈的电压与电流取关联参考方向，并且每个线圈的电流的参考方向和该电流所产生的磁通的参考方向符合右手螺旋法则。

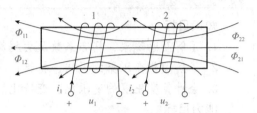

图 5-1 两个线圈的互感

当线圈 1 中通过电流 i_1 时，在线圈 1 中会产生自感磁通 Φ_{11}，自感磁链 $\Psi_{11}=N_1\Phi_{11}$。Φ_{11} 中会有一部分磁通通过线圈 2，由线圈 1 的电流 i_1 产生的通过线圈 2 的磁通称为互感磁通 Φ_{21}，并且 Φ_{21} 小于 Φ_{11}。Φ_{21} 与线圈 2 交链的互感磁链 $\Psi_{21}=N_2\Phi_{21}$，称为线圈 1 对线圈 2 的互感磁链。这种一个线圈的磁通与另一个线圈相交链的现象称为磁耦合。

(二)互感系数

互感磁链 Ψ_{21} 与产生它的电流 i_1 的比值称为线圈 1 对线圈 2 的互感系数 M_{21}，简称互感。即

$$M_{21}=\frac{\Psi_{21}}{i_1}$$

同理，当线圈 2 中通过电流 i_2 时，在线圈 1 中也会产生互感磁通 Φ_{12}，则线圈 2 对线圈 1 的互感为

$$M_{12}=\frac{\Psi_{12}}{i_2}$$

可以证明：$M_{21}=M_{12}=M$，统称为两线圈的互感系数，并且

$$M\leqslant\sqrt{L_1L_2}$$

互感的单位是亨利（H），与自感相同。另外，互感 M 的值与线圈的形状、几何位置、空间媒质有关，与线圈中的电流无关。因此，满足 $M_{21}=M_{12}=M$；自感系数 L 总为正值，互感系数 M 值有正有负。正值表示自感磁链与互感磁链方向一致，互感起增助作用，负值表示自感磁链与互感磁链方向相反，互感起削弱作用。

(三)耦合系数

互感 M 的大小反映了一个线圈在另一个线圈中产生磁通的能力。两个耦合线圈的电流所产生的磁通，一般只有部分磁通相互交链，彼此不交链的部分称为漏磁通。两个耦合线圈相互交链的磁通部分越大，说明两线圈的耦合越紧密，通常用耦合系数 k 来表示两线圈耦合的紧密程度。耦合系数 k 定义为

$$k=\frac{M}{\sqrt{L_1L_2}} \tag{5-1}$$

式中，L_1、L_2 为两线圈的自感，由式(5-1)可知，k 的取值范围是 $0\leqslant k\leqslant1$。$k=1$ 时，两线圈为全耦合，无漏磁通，$k=0$ 时，两线圈无耦合。k 的大小与线圈的结构、两线圈的相互位置及周围的磁介质有关。在工程上有时为了避免两线圈的相互干扰，应尽量减小互感的作用，除采用磁屏蔽方法外，还可以合理布置线圈的相互位置。在电子技术和电力变压器中，为了更好地传输功率和信号，往往采用极紧密的耦合，使 k 值尽可能接近 1，一般都采用铁磁材料制成芯子以达到这一目的。

【例 5-1】 两互感耦合线圈，已知 $L_1 = 0.4$ H，$k = 0.5$，互感系数 $M = 0.1$ H，求 L_2。当两个线圈全耦合时，互感系数 M 为多少？

解：根据

$$k = \frac{M}{\sqrt{L_1 L_2}}$$

得

$$L_2 = \frac{M^2}{k^2 L_1} = \frac{0.1^2}{0.5^2 \times 0.4} = 0.1 (\text{H})$$

当两个线圈全耦合时，$k = 1$，故

$$M = \sqrt{L_1 L_2} = \sqrt{0.4 \times 0.1} = 0.2 (\text{H})$$

(四)互感电压

在图 5-1 所示的电路中，当两互感线圈上都有电流时，交链每个线圈的磁链不仅与该线圈本身的电流有关，也与另一线圈的电流有关。如果每个线圈的电压电流去关联参考方向，并且每个线圈的电流与该电流产生的磁通符合右手螺旋定则，而互感磁通又与自感磁通方向一致，即磁通相助，如图 5-1 所示，则根据电磁感应定律，两线圈感应电压为

$$u_1 = \frac{\mathrm{d}\Psi_{11}}{\mathrm{d}t} + \frac{\mathrm{d}\Psi_{12}}{\mathrm{d}t} = L_1 \frac{\mathrm{d}i_1}{\mathrm{d}t} + M \frac{\mathrm{d}i_2}{\mathrm{d}t} \tag{5-2}$$

$$u_2 = \frac{\mathrm{d}\Psi_{22}}{\mathrm{d}t} + \frac{\mathrm{d}\Psi_{21}}{\mathrm{d}t} = L_2 \frac{\mathrm{d}i_2}{\mathrm{d}t} + M \frac{\mathrm{d}i_1}{\mathrm{d}t} \tag{5-3}$$

如果改变图 5-1 所示的电路中一个线圈的绕向，如图 5-2 所示，则自感磁通与互感磁通的方向相反，即磁通相消，则每个线圈上的感应电压为

$$u_1 = \frac{\mathrm{d}\Psi_{11}}{\mathrm{d}t} - \frac{\mathrm{d}\Psi_{12}}{\mathrm{d}t} = L_1 \frac{\mathrm{d}i_1}{\mathrm{d}t} - M \frac{\mathrm{d}i_2}{\mathrm{d}t} \tag{5-4}$$

$$u_2 = \frac{\mathrm{d}\Psi_{22}}{\mathrm{d}t} - \frac{\mathrm{d}\Psi_{21}}{\mathrm{d}t} = L_2 \frac{\mathrm{d}i_2}{\mathrm{d}t} - M \frac{\mathrm{d}i_1}{\mathrm{d}t} \tag{5-5}$$

由上面的分析可知，要确定互感电压前面的正负号，必须知道互感磁通与自感磁通是相助还是相消，如果像图 5-1 和图 5-2 那样，知道线圈的相对位置和各线圈绕向，标出线圈上电流 i_1 和 i_2 的参考方向，就可根据右手螺旋定则判断出自感磁通与互感磁通是相助还是相消。但在实际中，互感线圈往往是密封的，看不到

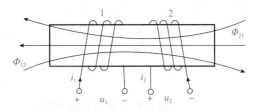

图 5-2 磁通相消的互感线圈

其绕向和相对位置，况且在电路中将线圈的绕向和相对位置画出来既麻烦又不易表示清晰，于是规定了一种标志，即同名端，由同名端与电流参考方向就可以判定磁通是相助还是相消。

小问答

1. _____，称为互感现象。

2. 自感系数与互感系数的关系是_____。

3. 互感系数与_____、_____、_____有关。

4. 耦合系数的计算公式是_____。当_____时，称为两线圈为全耦合，当_____时，两线圈无耦合。

5. 互感系数与_____、_____、_____有关。

二、同名端及其判定

同名端是指具有磁耦合的两线圈，当电流分别从两线圈各自的某端同时流入(或流出)时，若两者产生的磁通相助，则这两端叫作互感线圈的同名端，用黑点"."或星号"＊"作标记，未用黑点或星号作标记的两个端子也是同名端。如图 5-3(a)所示，当电流分别从线圈 L_1 的 a 端和线圈 L_2 的 c 端流入时，它们产生的磁通相助，因此 a 端和 c 端是同名端(当然 b、d 端也是同名端)，a 端和 d 端是异名端。同理图 5-3(b)中，a 端和 d 端是同名端，a 端和 c 端是异名端。

同名端总是成对出现的，如果有两个以上的线圈彼此间都存在磁耦合时，同名端应一对一地加以标记，每一对须用不同的符号标出。

如果给定一对不知绕向的互感线圈，可采用如图 5-4 所示的实验装置来判断出它们的同名端。把一个线圈通过开关 S 接到一直流电源上，再将一个直流电压表(或电流表)接到另一个线圈上，当开关 S 迅速闭合时，就有随时间增长的电流 i_1 从电源正极流入 L_1 的端钮 1，这时 $\mathrm{d}i/\mathrm{d}t$ 大于零。如果电压表指针正向偏转，而且电压表正极接端钮 2，这说明端钮 2 为高位端，由此可以判断端钮 1 和端钮 2 是同名端；反之，若电压表指针反向偏转，则说明端钮 $2'$ 为高电位，由此可判断端钮 1 和端钮 $2'$ 是同名端。

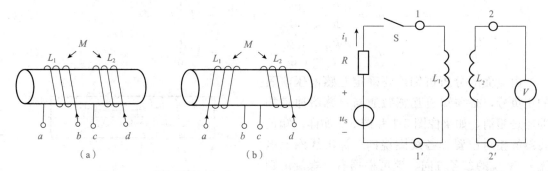

图 5-3　互感线圈的同名端　　　　　图 5-4　同名端的实验测定

▰ 小问答

1. 同名端的定义：_____。

2. 同名端用_____作标记。

三、含耦合电感电路的计算

含有耦合电感(简称互感)电路的计算原则上与前面一般正弦稳态电路

相同，需要注意的是，互感线圈上的电压除自感电压外，还应包含互感电压。

(一)耦合电感元件的串联

具有互感的两线圈的串联可分为顺向串联和反向串联两种。如果异名端相接，则电流从两线圈的同名端流入，称为顺向串联(简称顺串或顺接)，如图 5-5(a)所示；如果同名端相接，则电流从两线圈的异名端流入，称为反向串联(简称反串或反接)，如图 5-5(b)所示。

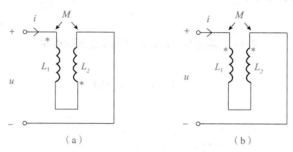

图 5-5　耦合电感元件的串联

(a)顺向串联；(b)反向串联

(二)耦合电感元件的并联

具有互感的两线圈的并联也有两种接法，一种是两个线圈的同名端相连，称为同侧并联，如图 5-6(a)所示；另一种是两个线圈的异名端相连，称为异侧并联，如图 5-6(b)所示。

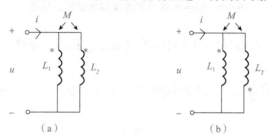

图 5-6　耦合电感元件的并联

(a)同侧并联；(b)异侧并联

(三)耦合电感的去耦等效电路(互感消去法)

1. 耦合电感的串联等效

耦合电感线圈的顺向串联电路如图 5-7(a)所示，电压、电流为关联参考方向，电流通过两线圈都是从同名端流入的，因而两线圈的电压为

$$u = L_1 \frac{\mathrm{d}i}{\mathrm{d}t} + M \frac{\mathrm{d}i}{\mathrm{d}t} + L_2 \frac{\mathrm{d}i}{\mathrm{d}t} + M \frac{\mathrm{d}i}{\mathrm{d}t} = (L_1 + L_2 + 2M) \frac{\mathrm{d}i}{\mathrm{d}t} = L \frac{\mathrm{d}i}{\mathrm{d}t}$$

式中

$$L = L_1 + L_2 + 2M \tag{5-6}$$

L 称为两耦合电感线圈的顺向串联时的等效电感。其等效电路如图 5-7(b)所示。

图 5-8(a)所示为两耦合电感线圈的反向串联方式。图中电压、电流仍采用关联参考方向，电流通过两线圈都是从异名端流入的，因而两线圈的电压为

$$u = L_1 \frac{\mathrm{d}i}{\mathrm{d}t} - M \frac{\mathrm{d}i}{\mathrm{d}t} + L_2 \frac{\mathrm{d}i}{\mathrm{d}t} - M \frac{\mathrm{d}i}{\mathrm{d}t} = (L_1 + L_2 - 2M) \frac{\mathrm{d}i}{\mathrm{d}t} = L \frac{\mathrm{d}i}{\mathrm{d}t}$$

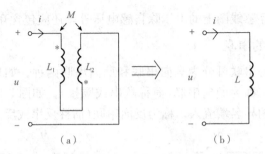

图 5-7　耦合电感线圈的顺向串联等效电路

式中

$$L = L_1 + L_2 - 2M \qquad (5-7)$$

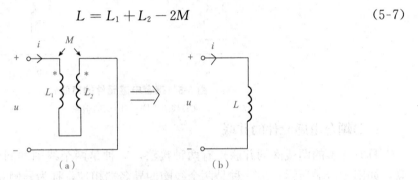

图 5-8　耦合电感线圈的反向串联等效电路

L 称为两耦合电感线圈的反向串联时的等效电感。其等效电路如图 5-8(b) 所示。

2. 耦合电感的并联等效

图 5-9(a) 所示为两耦合电感线圈的同侧并联方式，电压、电流参考方向如图 5-9 所示。两线圈上的电压分别为

$$u = L_1 \frac{\mathrm{d}i_1}{\mathrm{d}t} + M \frac{\mathrm{d}i_2}{\mathrm{d}t}$$

$$u = L_2 \frac{\mathrm{d}i_2}{\mathrm{d}t} + M \frac{\mathrm{d}i_1}{\mathrm{d}t}$$

将以上两式进行数学变换可得

$$u = L_1 \frac{\mathrm{d}i_1}{\mathrm{d}t} - M \frac{\mathrm{d}i_1}{\mathrm{d}t} + M \frac{\mathrm{d}i_1}{\mathrm{d}t} + M \frac{\mathrm{d}i_2}{\mathrm{d}t} = (L_1 - M) \frac{\mathrm{d}i_1}{\mathrm{d}t} + M \frac{\mathrm{d}(i_1 + i_2)}{\mathrm{d}t}$$

$$u = L_2 \frac{\mathrm{d}i_2}{\mathrm{d}t} - M \frac{\mathrm{d}i_2}{\mathrm{d}t} + M \frac{\mathrm{d}i_2}{\mathrm{d}t} + M \frac{\mathrm{d}i_1}{\mathrm{d}t} = (L_2 - M) \frac{\mathrm{d}i_2}{\mathrm{d}t} + M \frac{\mathrm{d}(i_1 + i_2)}{\mathrm{d}t}$$

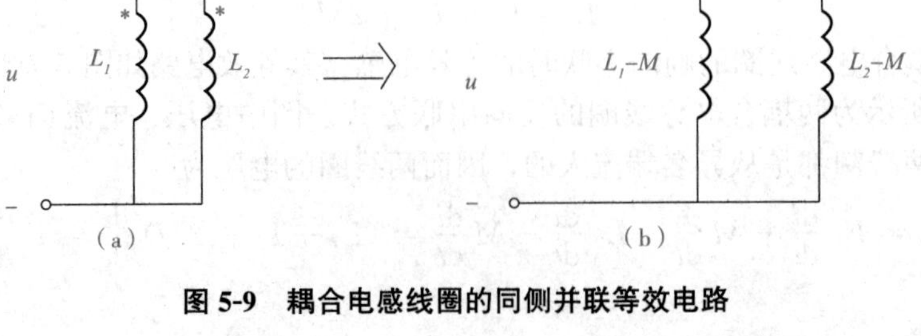

图 5-9　耦合电感线圈的同侧并联等效电路

由上式可画出耦合电感线圈同侧并联时的等效电路如图 5-9(b)所示。图中 3 个线圈的自感系数分别为 L_1-M、L_2-M、M。图 5-9(b)称为同侧并联耦合线圈的去耦等效电路。

由图 5-9(b)中电感线圈的串、并联关系可以得出同侧并联的等效电感为

$$L=M+\frac{(L_1-M)(L_2-M)}{L_1+L_2-2M}=\frac{L_1L_2-M^2}{L_1+L_2-2M} \tag{5-8}$$

图 5-10(a)所示为两耦合电感线圈的异侧并联方式。其等效电路如图 5-10(b)所示，等效电感为

$$L=\frac{L_1L_2-M^2}{L_1+L_2+2M} \tag{5-9}$$

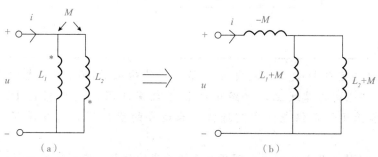

图 5-10　耦合电感线圈的异侧并联等效电路

3. 耦合电感的 T 形等效

如果耦合电感的两条支路各有一端与第三条支路形成一个仅含三条支路的共同结点，称为耦合电感的 T 形连接。T 形连接可分为同侧连接和异侧连接。如图 5-11(a)所示为同侧连接；其等效电路如图 5-11(b)所示。图中三个线圈也为 T 形连接，它们之间无互感耦合，自感系数分别为 L_1-M、L_2-M、M。图 5-11(b)称为其 T 形去耦等效电路。

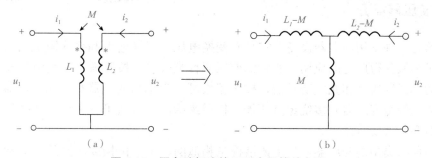

图 5-11　同名端相连的 T 形去耦等效电路

图 5-12(a)所示为异侧连接；其等效电路如图 5-12(b)所示。图 5-12(b)称为其 T 形去耦等效电路。

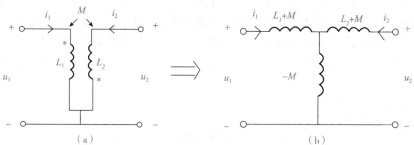

图 5-12　异名端相连的 T 形去耦等效电路

1. 两耦合电感线圈的同向串联时的等效电感是_____。
2. 两耦合电感线圈的反向串联时的等效电感是_____。

任务二　变压器工作原理分析

任务描述

　　楼宇变配电室的核心部件就是变压器，将传输来的 10 kV 的电源经过进线柜将电能送到 10 kV 的母线上，再经出线柜送至变压器，变压器将 10 kV 降压成 380 V，为各低压设备供电。要想选择一台适合的变压器，首先要了解变压器的原理。

　　本任务介绍了变压器的组成、理想变压器的变比计算、变压器的使用及性能分析。

■■ 学习要点

变压器介绍

变压器结构

一、变压器简介

　　变压器是一种常用的电器设备，它具有变换电压、变换电流和变换阻抗的功能，在电工电子技术领域获得广泛的应用。实际的变压器种类较多，按照铁心与绕组的相互配置形式，可分为芯式变压器和壳式变压器；按照相数可分为单相变压器和多相变压器；按照绕组数可分为二绕组变压器和多绕组变压器；按照绝缘散热方式可分为油浸式变压器、气体绝缘变压器和干式变压器等。

　　无论是何种类型的变压器，其主体结构是相似的，主要由构成磁路的铁心和绕在铁心上的构成电路的原绕组(也称初级绕组、一次绕组)和副绕组(也称次级绕组、二次绕组)组成(不包括空心变压器)。铁心是变压器磁路的主体部分，担负着变压器原、副边的电磁耦合任务。绕组是变压器电路的主体部分，与电源相连的绕组称为原绕组，与负载相连的绕组称为副绕组。通常原、副绕组匝数不同，匝数多的绕组电压较高，因此也称为高压绕组；匝数少的绕组电压较低，因此也称为低压绕组。另外，变压器运行时绕组和铁心中要分别产生铜损和铁损，使它们发热。为防止变压器因过热损坏，变压器必须采用一定的冷却方式和散热装置。

(一)理想变压器的电路模型

为了方便理解变压器的工作原理，对变压器做以下四点假设：
(1)绕组的电阻可以忽略。

（2）磁通全部通过铁心，不存在铁心外的漏磁通。

（3）励磁电流很小，可以忽略。

（4）忽略铁损和铁心的磁饱和。

满足上述假定的变压器称为理想变压器。其模型如图 5-13 所示。

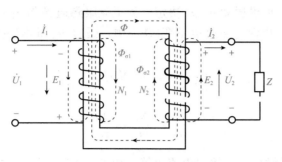

图 5-13　理想变压器模型

(二)理想变压器的特性

图中 e_1、e_2 为磁通 Φ 在初级绕组和次级绕组上产生的感应电动势，N_1、N_2 为初级、次级绕组的匝数。根据上述假定，在初级，电能全部转换为磁能，有

$$e_1 = N_1 \frac{\mathrm{d}\Phi}{\mathrm{d}t} = u_1$$

在次级，磁能全部转换为电能，有

$$e_2 = N_2 \frac{\mathrm{d}\Phi}{\mathrm{d}t} = u_2$$

所以

$$\frac{u_1}{u_2} = \frac{e_1}{e_2} = \frac{N_1}{N_2} = K \tag{5-10}$$

即理想变压器的输入、输出电压比等于初级、次级绕组的匝数比。

变压器的外加电压 u_1 是正弦电压，磁通 Φ 也随时间按照正弦规律变化。设磁通 Φ 为

$$\Phi = \Phi_{\mathrm{m}}\sin\omega t$$

则感应电动势 e_1 为

$$e_1 = N_1 \frac{\mathrm{d}\Phi}{\mathrm{d}t} = 2\pi f N_1 \Phi_{\mathrm{m}}\sin(\omega t + 90°) = E_{1\mathrm{m}}\sin(\omega t + 90°)$$

式中，$E_{\mathrm{m}} = 2\pi f N \Phi_{\mathrm{m}}$ 是感应电动势 e_1 的最大值，其有效值为

$$E_1 = \frac{E_{1\mathrm{m}}}{\sqrt{2}} = \frac{2\pi f N_1 \Phi_{\mathrm{m}}}{\sqrt{2}} = 4.44 f N_1 \Phi_{\mathrm{m}} \tag{5-11}$$

由于 $u_1 = e_1$，所以

$$U_1 = 4.44 f N_1 \Phi_{\mathrm{m}} = 4.44 f N_1 B_{\mathrm{m}} S \tag{5-12}$$

式中，U_1 为 u_1 的有效值，Φ_{m} 为磁通 Φ 的最大值；S 为铁心的截面面积，f 为电源频率；B_{m} 为磁通密度的最大值。

式(5-12)也可以改写为

$$N_1 = \frac{U_1}{4.44 f B_{\mathrm{m}} S} \tag{5-13}$$

通常在设计、制作变压器时，电源电压 U_1、电源频率 f 已知，根据铁心材料可决定 B_m，再选取一定的铁心截面面积 S，可根据式(5-12)计算出初级绕组的匝数；再根据变压器的应用要求，确定次级匝数，最终设计出变压器。

当次级绕组连接有负载时将产生负载电流 i_2，因此，将产生新的磁通势 N_2i_2，使铁心中的磁通 Φ 发生变化，但磁通 Φ 由 U_1 决定，为了克服磁通势 N_2i_2 的作用，将在初级产生一个新的磁通势 N_1i_1，以保持磁通 Φ 不变(铁心中，磁通 Φ_m 基本保持不变，称为变压器的恒磁通特性)，故有

$$N_1i_1 = N_2i_2$$

或

$$\frac{i_1}{i_2} = \frac{N_1}{N_2} = \frac{1}{K} \tag{5-14}$$

即理想变压器有载工作的输入、输出电流比等于初级、次级绕组匝数比的反比。

变压器除具有电压变换、电流变换功能外，还具有阻抗变换功能。图 5-14(a) 所示为变压器有载工作模型，将虚框内部视为二端网络，它可以用变压器初级绕组的负载阻抗等效，其等效电路如图 5-14(b) 所示。对图 5-14(b) 应用欧姆定律，并将变压器的变压、变流关系代入有

$$|Z'| = \frac{U_1}{I_1} = \frac{\dfrac{N_1}{N_2}U_2}{\dfrac{N_2}{N_1}I_2} = \left(\frac{N_1}{N_2}\right)^2 |Z| = K^2 |Z| \tag{5-15}$$

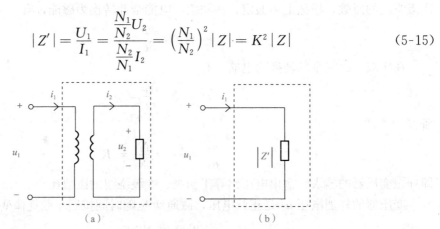

图 5-14　变压器的阻抗变换作用

即对变压器的输入电路来说，变压器的负载阻抗的模折算到输入电路的等效阻抗的模为其原始值的匝数比的平方。因此，可选择合适的匝数比，将负载变换到所需要的比较合适的数值，这就是变压器的阻抗变换功能，也称为阻抗匹配。

【例 5-2】　电源变压器一次绕组的匝数 $N_1=660$ 匝，接电源电压 $U_1=220$ V。它的二次绕组的开路电压 $U_1=36$ V，计算二次绕组的匝数 N_2。

解：由

$$\frac{U_1}{U_2} = \frac{N_1}{N_2}$$

得

$$N_2 = \frac{U_1}{U_2}N_1 = \frac{36}{220} \times 660 = 108$$

【例 5-3】 已知交流信号源的电压有效值 $U=6\ \text{V}$，内阻 $R_0=100\ \Omega$，负载是扬声器，其电阻 $R_L=8\ \Omega$。

(1)把扬声器直接接在信号源的输出端，如图 5-15(a)所示。计算负载得到的功率 P_1。

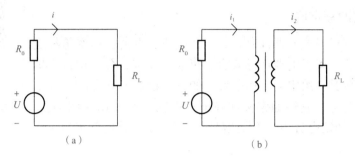

图 5-15　例 5-3 电路图

(2)为使负载获得最大功率，在信号源与负载之间接入变压器，如图 5-15(b)所示，使 R_L 折算到一次绕组一侧的等效电阻 $R'_L=R_0$。计算满足这一条件的变压器变比 K 及负载得到的功率 P。

解：(1)由图 5-15(a)可知，电流的有效值为

$$I = \frac{U}{R_0+R_L} = \frac{6}{100+8} = 0.056(\text{A})$$

负载获得功率为

$$P_1 = R_L I^2 = 8 \times (0.056)^2 = 0.025(\text{W})$$

(2)根据阻抗变换公式，要使负载获得最大功率，有

$$R'_L = K^2 R_L = R_0$$

代入数据得 $K^2 \times 8 = 100$

$$K = \sqrt{\frac{100}{8}} = 3.53$$

变压器一次绕组电流有效值为

$$I_1 = \frac{U}{R_0+R'_L} = \frac{6}{100+100} = 0.03(\text{A})$$

负载得到的功率为

$$P_1 = R'_L I^2 = 0.09\ \text{W}$$

小问答

1. 变压器具有_____、_____和_____功能。

2. 变压器变压比的计算公式是_____。
变压器变流比的计算公式是_____。

3. 变压器的两个绕组分别是_____和_____。

二、变压器的使用

(一)变压器的额定值

变压器的使用

使用任何电气设备或元器件时，其工作电压、电流、功率等都是有一定限度的。为了确保电器产品安全、可靠、经济、合理运行，生产厂家为用户提供其在给定的工作条件下能正常运行而规定的允许工作数据，称为额定值。它们通常标注在电气的铭牌和使用说明书上，并用下标"N"表示，如额定电压 U_N、额定电流 I_N、额定容量 S_N 等。变压器的额定值主要有以下几项。

1. 额定电压

变压器的额定电压是根据变压器的绝缘强度和允许温升而规定的电压值。变压器的额定电压有原边额定电压 U_{1N} 和副边额定电压 U_{2N}。U_{1N} 是指原边应加的电源电压，U_{2N} 是指原边加上 U_{1N} 时副边的空载电压。

变压器的额定电压用分数形式标在铭牌上，分子为高压的额定值，分母为低压的额定值。在三相变压器中，额定电压指的是相应联结法的线电压，因此，联结法与额定电压一并给出。如 10 000 V/400 V、Y/Y₀。

超过额定电压使用时，将因磁路过饱和、励磁电流增高和铁损增大，引起变压器温升增高；超过额定电压严重时可能造成绝缘击穿和烧毁。

2. 额定电流

变压器的额定电流是原边接额定电压时原、副边允许温度条件下长期通过的最大电流，分别用字母 I_{1N}、I_{2N} 表示，三相变压器的额定电流是相应联结法的线电流。

3. 额定容量

单相变压器的额定容量为额定电压与额定电流的乘积，用视在功率 S_N 表示，单位为 VA 或 kVA，即

$$S_N = U_N I_N \times 10^{-3} \text{ kVA} \tag{5-16}$$

三相变压器的额定容量为

$$S_{N3P} = \sqrt{3} U_N I_N \times 10^{-3} \text{ kVA} \tag{5-17}$$

4. 额定频率

额定运行时变压器原边外加交流电压的频率，以 f_N 表示。我国及世界上大多数国家都规定 $f_N = 50$ Hz。有些国家规定 $f_N = 60$ Hz。

5. 额定温升

变压器的额定温升是在额定运行状态下指定部位允许超出标准环境温度之值。我国以 40 ℃作为标准环境温度。大容量变压器油箱顶部的额定温升用水银温度计测量，定为 55 ℃。

(二)变压器的选择

1. 额定电压的选择

变压器额定电压选择的主要依据是输电线路电压等级和用电设备的额定电压。在一般情况下，变压器的原边的额定电压应与线路的额定电压相等。由于变压器至用电设备往往

需要经过一段低压配电线路，为计其电压损失，变压器副边的额定电压通常应超过用电设备额定电压的 5%。

2. 额定容量的选择

变压器容量选择是一个非常重要的问题。容量选小了，会造成变压器经常过载运行，变压器的使用寿命缩短，甚至影响工厂的正常供电。如果选得过大，变压器得不到充分的利用，效率因数也很低，不但增加了初投资，而且根据我国电业部门的收费制度，变压器容量越大基本电费收得越高。

变压器容量能否正确选择，关键在工厂总电力负荷即用电量能否正确统计计算。工厂总电力负荷的统计计算是一件十分复杂和细致的工作。因为工厂各设备不是同时工作，即使同时工作也不是同时满负荷工作，所以工厂总负荷不是各用电设备容量的总和，而乘以一个系数，该系数可在有关设计手册中查到，一般为 0.2～0.7。

工厂的有功负荷和无功负荷计算出来以后，即可计算出视在功率，再根据它选定变压器的额定容量。

3. 台数的选择

台数的选择主要由容量和负荷的性质而定。当总负荷小于 1 000 kVA 时，一般选用 1 台变压器运行。当负荷大于 1 000 kVA 时，可选用 2 台技术指标相同的变压器并联运行。对于特别重要的负荷，一般也应选用两台变压器，当 1 台出现故障或检修时，另 1 台能保证重要负荷的正常供电。

(三)变压器的外特性

由于实际变压器的绕组电阻不为零，当初级输入电压 U_1 保持不变时，次级输出电压 U_2 将随着次级电流 I_2 的变化而变化。U_1 为额定值不变，负载功率因数为常数时，$U_2 = f(I_2)$ 的变化关系称为变压器的外特性。这种变化关系的曲线表示，称为变压器的外特性曲线，如图 5-16 所示。

一般情况下，当负载波动时，变压器的输出电压 U_2 也是波动的。从负载用电的角度来看，总希望电源电压尽量稳定。当负载波动时，次级绕组输出电压的稳定程度可以用电压调整率来衡量。

变压器从空载到额定负载($I_2 = I_{2N}$)运行时，次级绕组输出电压的变化量 ΔU 与空载时额定电压 U_{20} 的百分比，称为变压器的电压调整率，即

$$\Delta U\% = \frac{U_{20} - U_{2N}}{U_{20}} \times 100\% \qquad (5\text{-}18)$$

式中，U_{2N} 是指额定负载下的输出电压。

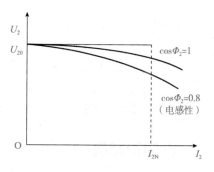

图 5-16　变压器的外特性曲线

电压调整率是变压器的主要性能指标之一，$\Delta U\%$ 越小，说明变压器输出电压越稳定，变压器带负载能力越强。电力变压器在额定负载时的电压调整率为 4%～6%。当然变压器电压调整率与负载功率因数有关，功率因数越高，电压调整率也越小，因此，提高供电的功率因数也有减小电压波动的作用。

变压器的效率等于变压器的输出功率 P_2 和输入功率 P_1 之比，可用下式确定：

$$\eta = \frac{P_2}{P_1} = \frac{P_2}{P_2 + \Delta P_{Fe} + \Delta P_{Cu}} \qquad (5\text{-}19)$$

式中，ΔP_{Fe} 为变压器的铁损；ΔP_{Cu} 为变压器的铜损。

变压器的铁损近似与铁心中磁感应强度的最大值的平方成正比。设计变压器时，其额定最大磁感应强度 B_{mN} 的值不宜选得过大，否则变压器运行时将因为铁损过多而过热，从而损伤甚至损坏线圈，以致损坏变压器。对运行中的变压器而言，它具有恒磁性，因此，铁损基本保持不变，称为变压器的不变损耗。变压器的铜损主要由电流 I_1、I_2 分别在初级、次级绕组电阻上产生的损耗，它要随负载电流的变化而变化，称为变压器的可变损耗。

变压器的损耗一般比较小，电力变压器的效率一般都在 95% 以上，甚至达 99%。如果忽略变压器的损耗，将其视为理想变压器，就有

$$P_1 \approx P_2 \qquad (5\text{-}20)$$

变压器是输配电系统中必不可少的重要设备之一。从发电厂把交流电功率 $P = \sqrt{3}UI\cos\varphi$ 输送到用电的地方，在输送功率和负载的功率因数 $\cos\varphi$ 为定值的情况下，如果电压 U 越高，则线路电流 I 越小，一方面可以减少输电线上的能量损耗，减小输电线的截面面积，节约导线材料的用量；另一方面发电机的额定输出电压远低于输电电压。因此，在将电能进行远距离输送之前，必须利用变压器把发电机输出的电压升高到所需的数值。把高电压输送到用电的地方后，由于各类电器所需的电压不同，如有 36 V、110 V、220 V、380 V 等。所以，同样需要用变压器将线路的高电压变换成负载所需的低电压。

在生产实践中，为安全起见，常用变比为 1 的隔离变压器；在电子技术中大量利用变压器变换电压、电流和进行阻抗变换，实现阻抗匹配，使负载获得最大功率；在自动控制中，利用变压器可获得不同的控制电压；另外，变压器在通信、冶金、电气测量等方面均有广泛的应用。

小问答

1. 变压器的额定值主要有 _____、_____、_____、_____ 和 _____。

2. 变压器额定电压选择的主要依据是 _____。

知识拓展

全国首个变压器智能内检"机器鱼"在国网天津市电力公司研发成功，并通过了由国内变压器行业专家组进行的性能测试见证和科技项目验收。该"机器鱼"具备图像自主识别、空间自主定位、三维路径规划、下潜深度悬停等功能，可自主识别、快速检测大型变压器内部碳痕、电树枝放电等典型缺陷，提升大型变压器智能化运检水平。

"机器鱼"可用于大型油浸式变压器移位、变形、过热、放电痕迹等内部状态检查，具备体积小、移动灵活的优点，可在不影响变压器内部环境的基础上，在变压器内部对其状态进行检查，判断变压器内部是否存在异常，有效提高变压器检修效率。"机器鱼"可在水

平面上360°原地旋转，具有全方位巡航能力。它的水平巡航速度可达2 m/min，上浮下沉速度可达1.5 m/min，自主下潜深度悬停误差控制在3 cm以内，还可根据设定的目标点，自主规划巡检路径。

"机器鱼"由国网天津电科院依托国网天津电力科技项目"基于微型机器鱼的大型变压器内部缺陷智能诊断与识别关键技术研究"自主研发，应用三维空间定位技术、姿态控制技术、全局路径规划技术及图像自主识别技术，解决了"机器鱼"在变压器封闭空间内的无线定位、无线控制、无线图像传输等难题，实现了在变压器内部灵活、准确移动，快速确定变压器内部状态及故障位置，能大幅缩短变压器停电检修时间，降低检修费用，具有较大的经济和社会效益。

以往通过外部电气及油色谱分析试验，难以判断变压器内部异常及部位。对变压器进行吊罩检查或异常诊断，往往需要耗费大量的人力和物力。以一台220千伏异常变压器为例，放油检查处理费用约为30万元，检查大约需10天。利用"机器鱼"检查工期可缩短至1天，根据检查结果可采取针对性检修措施，最大限度减少停电时间，降低人力、物力成本及作业风险，提高变压器安全运行可靠性，社会经济效益显著。

接下来，国网天津电力将围绕小型化、便捷化、智能化方向对变压器"机器鱼"进行迭代升级，优化"机器鱼"物理结构，完善图像识别功能，提升典型缺陷自主识别能力，增强操控方式便捷性，并选取天津试用区域变压器进行重点推广，提升变压器运检智能化水平，有力支撑新型电力系统建设。

任务三　变压器特性测试

任务描述

　　使用任何电气设备或元器件时，其工作电压、电流、功率等都是有一定限度的。为了确保电器产品安全、可靠、经济、合理运行，生产厂家为用户提供其额定参数。变压器的额定参数通常标注在铭牌和使用说明书上。但是，当变配电室中变压器经过长时间的使用，铭牌和使用说明书都没有时，我们就需要通过测量来知道变压器的变比等参数，本任务就研究如何测定变压器的变比、变压器的外特性，以及判别变压器的高、低压绕组。

学习要点

一、测定变压器的变比

测定变压器变比的实验电路如图5-17所示。

合上开关S，分别测量初级、次级绕组的电压U_1、U_2值，记录于表5-1中。

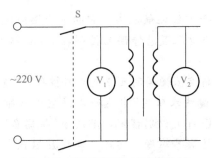

图 5-17　变压器变比的实验电路

表 5-1　变压器变比测定数据

测量值		计算值
U_1	U_2	K

二、测定变压器的外特性

变压器外特性的测定电路如图 5-18 所示。

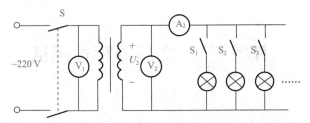

图 5-18　变压器外特性的测定电路

合上开关 S 接通电源，依次闭合开关 S_1、S_2、S_3……，直到带上额定负载，使次级绕组电流 I_2 从零开始逐渐增大到额定值，在其间选取 6～7 个测试点，测量各点次级绕组电压 U_2 和电流 I_2，记录于表 5-2 中。

表 5-2　变压器外特性测定数据

	测量值		外特性
	U_2	I_2	
1			
2			
3			
4			
5			
6			

三、判别变压器的高、低压绕组

变压器不接电源，分别利用万用表欧姆挡测量两绕组的电阻值，记录于表 5-3 中。

按图 5-19 所示的电路接线，将变压器的任一绕组接到自耦调压器的输出端，合上开关 S，将调压器的输出电压调节到低于变压器低压绕组的额定电压，用电压表或万用表测量两绕组的两端电压 U_1、U_2，记录于表 5-3 中。

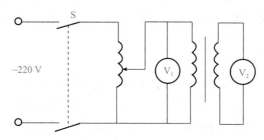

图 5-19 变压器高、低压绕组的测定电路

表 5-3 判别变压器高、低压绕组测定数据

	测定值	
	电阻值	电压值
1、2 绕组		
判定该绕组为		
3、4 绕组		
判定该绕组为		

四、实验注意事项

(1)在实验过程中，注意不要接触金属带电部件，以防触电。

(2)用万用表测量电阻时，应先调零。

(3)电流表应串联在所测电路中，电压表应并联在所测电压两端，不可接错，否则易发生事故。

(4)在做测定变压器的变比和外特性实验时，要分清初级、次级绕组，切不可将次级绕组接电源。另外，在做测定外特性实验时，所加负载不能超过额定值。

(5)使用自耦变压器时要正确接线。切不可将可调侧接电源，也不能接错相线和中线的位置。

▤ 项目实施

一、10 kV 配电变压器的连接组别接线方式

对 10 kV 配电变压器，容量在 100 kVA 及以下的一般采用四框五柱式，容量为 500～

1 600 kVA 的采用两框三柱式。而 10 kV 配电变压器的连接组别常用的有 Dyn11 和 Yyn0 两种接线形式。

1. Dyn11 接线方式

Dyn11 接线方式如图 5-20 所示。单相短路和三相短路的短路电流大小相差不多，由于零序电流和三次谐波电流可以在高压绕阻三角形接线的闭合回路内流通而不能在星形接线中流通，所以，当低压侧三相负载不平衡运行时，总零序电流和三次谐波电流在每个铁心柱上的总磁势几乎等于零，所以，低压中性点电位不漂移，各相输出电压合格率高。当高压侧一相熔断器熔断后，另外，两相的负载仍然可以正常运行，但在低压主开关装设欠压保护装置，能解决非全相运行问题。

2. Yyn0 接线方式

Yyn0 接线方式如图 5-21 所示。当高压熔断器相熔断时，将会出现一相电压为零，另两相电压没变化的情况，可使停电范围减少至 1/3。这种情况对低压侧为单相供电的照明负载不会产生影响，但低压侧是三相供电的动力负载需要配置缺相保护，才不会导致动力负载因缺相运行而烧毁。容量在 1 600 kVA 及以下的芯式变压器才允许采用 Yyn0 连接方式，因为三次谐波磁通穿过铁构件时会产生涡流损耗。Yyn0 接线变压器的中性线电流不宜过大，因为 Yyn0 连接变压器高压绕组比 Dyn11 连接变压器高压绕组的绝缘强度要求低，所以将 Yyn0 联结变压器改为 Dyn11 联结比较困难。

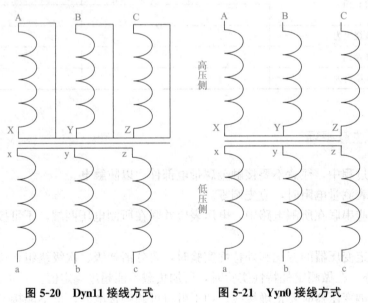

图 5-20 Dyn11 接线方式   图 5-21 Yyn0 接线方式

二、楼宇配电变压器的选择

(1)变电所符合下列条件之一时，宜装设两台及以上变压器：

1)有大量一级负荷及虽为二级负荷但从保安角度需设置时(如消防等)。

2)季节性负荷变化较大时。

3)集中负荷较大时。

(2)在下列情况下可设专用变压器：

1)当动力和照明采用共用变压器严重影响照明质量及灯泡寿命时，可设照明专用变压器。

2)当季节性的负荷容量较大时(如大型民用建筑中的空调冷冻机等负荷)，可设专用变压器。

3)接线为 Yyn0 的变压器，当单相不平衡负荷引起的中性线电流超过变压器低压绕组额定电流的 25％时，宜设单相变压器。

4)出于功能需要的某些特殊设备(如容量较大的 X 光机等)宜设专用变压器。

(3)具有下列情况之一者，宜选用接线为 Dyn11 型变压器：

1)三相不平衡负荷超过变压器每相额定功率 15％以上者。

2)需要提高单相短路电流值，确保低压单相接地保护装置动作灵敏度者。

3)需要限制三次谐波含量者。

项 目 小 结

1. 在交流电路中，如果一个线圈的附近还有另一个线圈，当其中一个线圈中的电流变化时，不仅在本线圈中产生感应电压，而且在另一个线圈中也要产生感应电压，这种现象称为互感现象。

2. 耦合系数 k 表示两线圈耦合的紧密程度，$k=\dfrac{M}{\sqrt{L_1 L_2}}$，$k$ 的取值范围是 $0 \leqslant k \leqslant 1$。

3. 具有磁耦合的两线圈，当电流分别从两线圈各自的某端同时流入(或流出)时，若两者产生的磁通相助，则这两端叫作互感线圈的同名端。用黑点".”或星号"＊”作标记，未用黑点或星号标记的两个端子也是同名端。

4. 具有互感的两线圈的串联分为顺向串联和反向串联两种。如果异名端相接，则电流从两线圈的同名端流入，称为顺向串联；如果同名端相接，则电流从两线圈的异名端流入，称为反向串联。

5. 具有互感的两线圈的并联也有两种接法，一种是两个线圈的同名端相连，称为同侧并联；另一种是两个线圈的异名端相连，称为异侧并联。

6. 变压器由铁心、原绕组和副绕组组成。

7. 理想变压器的输入、输出电压比等于初级、次级绕组的匝数比，即 $\dfrac{u_1}{u_2}=\dfrac{e_1}{e_2}=\dfrac{N_1}{N_2}=K$。

8. 变压器的负载阻抗的模等于输入电路的等效阻抗的模乘上匝数比的平方，即 $|Z'|=K^2|Z|$。

9. 变压器的额定值主要有额定电压、额定电流、额定功率、额定容量、额定温升。

知识拓展

中国输变电设备的领军企业——中国西电集团

总部位于陕西西安的中国西电集团是我国唯一一家以完整输变配电产业为主业的中央企业。经过 60 年的发展，这家企业如今已成为中国最具规模、成套能力最强的高压、超高压、特高压交直流输变配电设备和其他电工产品实验检测与服务基地，也是我国输变配电领域装备制造研发能力最强、产业链最完整、技术水平最先进的国家级核心骨干企业集团，其自主研制的全系列特高压产品等代表了世界最高水平，是我国重大装备制造的领军企业，在我国参与国际输变电市场竞争中发挥着重要的作用。

西电集团作为我国输配电装备制造业中的排头兵，承担着促进我国输配电装备技术进步和为国家重点工程项目提供关键设备的重任。曾先后为我国第一条 330 kV、550 kV 超高压交流输电工程，第一条 800 kV 特高压交流输电工程，第一条 1 100 kV 特高压交流输电工程，第一条 ±100 kV 直流输电工程，第一条 ±500 kV 超高压直流输电工程，第一条 ±800 kV 特高压直流输电工程，第一个西北至华北联网背靠背直流输电工程及"三峡工程""西电东送"等国家重点工程项目提供了成套输配电设备和服务，设备全部成功投入运行。为特高压输电这张"中国制造"名片打上了自己的烙印。

课后习题

一、填空题

1. 耦合电感顺向串联的等效电感为_____，反向串联的等效电感为_____。

2. 耦合系数 k 和互感 M 的关系为_____，$k=1$ 时，两线圈为_____，$k=0$ 时，两线圈为_____。

3. 理想变压器的变压比与初级绕组电压及次级绕组电压的关系为_____。

4. 变压器除具有电压变换、电流变换功能外，还具有_____功能。

二、计算题

1. 标出如图 5-22 所示耦合线圈的同名端。

2. 写出如图 5-23 所示的电路中每个线圈的 u-i 关系方程式。

3. 两个耦合线圈串联连接，已知 $L_1=6$ H，$L_2=7$ H，$M=4$ H，分别计算两线圈顺接和反接时的等效电感。

4. 两个耦合线圈并联连接，已知 $L_1=8$ H，$L_2=10$ H，$M=5$ H，分别计算两线圈同名端相连和异名端相连的等效电感。

5. 已知两线圈的自感 $L_1=5$ mH，$L_2=4$ mH。

(1) 若 $K=0.5$，求互感 M；

(2) 若 $M=3$ mH，求耦合系数 K；

(3) 若两线圈全耦合，求互感 M。

习题讲解

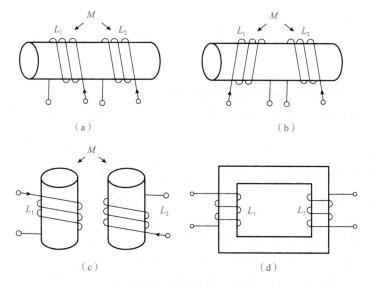

（a）   （b）

（c）   （d）

图 5-22　计算题 1 图

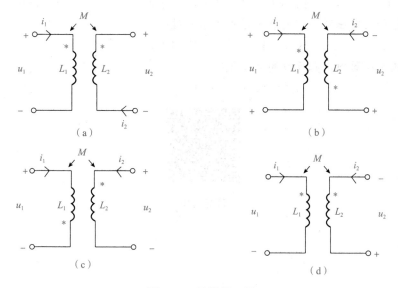

（a）   （b）

（c）   （d）

图 5-23　计算题 2 图

6. 求如图 5-24 所示电路的输入电阻 R_i。

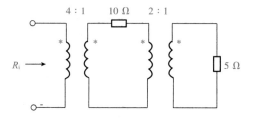

图 5-24　5-10 题图

电工证初级考试真题

一、判断题

1. 感应电流的磁场总是与原来的磁场方向相反。(　　)

2. 变压器吊芯大修时，当空气相对湿度小于65%时，器身允许在空气中暴露不超过16 h。
(　　)

二、选择题

1. 用手接触变压器的外壳时，如有触电感，可能是(　　)。

    A. 线路接地引起　　　　　　　　　B. 过复合引起

    C. 外壳接地不良　　　　　　　　　D. 线路故障

2. 运行中的变压器发出连续的、均匀的嗡嗡声音应(　　)。

    A. 加强监视　　　　B. 立即退出运行　　C. 减负荷　　　　　　D. 正常运行

3. 容量在(　　)kVA及以上的变压器应装设瓦斯继电器。

    A. 1 000　　　　　　B. 800　　　　　　　C. 7 500　　　　　　D. 500

4. 并联运行的变压器，最大最小容量比不超过(　　)。

    A. 2∶1　　　　　　B. 3∶1　　　　　　C. 4∶1

5. 油浸式变压器内，温度最高部位是(　　)。

    A. 铁芯　　　　　　B. 绕组　　　　　　C. 油

真题答案

项目六　汽车点火系统电路的设计与仿真测试

项目描述

　　汽油发动机的点火系统是通过点火线圈产生的高压来产生火花，然后点燃在气缸内被压缩的可燃混合气，可燃混合气被火花点燃后燃烧，从而产生发动机的推动力。

　　火花是如何产生的呢？在点火系统中，包括初级线圈和次级线圈两部分，通过开关的动作使电感线圈中产生一个快速变化的电流，电流的快速变化通过磁耦合（互感）使次级线圈上产生一个高电压，其峰值可达到 20～40 kV，这一高压将在火花塞的间隙间产生一个电火花，从而点燃气缸中的油气混合物。

　　根据汽油发动机点火系统工作原理，设计点火系统初级电路，并利用 multisim 仿真软件完成电路中电压波形的观测。

项目分解

知识储备

任务一　电路动态过程的认识
- 换路及过渡过程的概念
- 换路定律及电路初始值的计算
- Multisim仿真软件

知识储备

汽车点火系统电路的设计与仿真测试

任务二　一阶电路动态过程的三要素法
- 一阶电路的动态方程
  - 一阶电路的零输入响应
  - 一阶电路的零状态响应
  - 一阶电路的全响应
- 一阶电路动态响应的三要素法

项目实施

点火系统初级电路的设计及仿真
- 电路设计
- Multisim仿真分析

学习目标

知识目标

1. 理解电路的暂态、稳态及过渡过程；
2. 掌握动态电路的基本分析方法。

能力目标

1. 能够分析动态电路；
2. 能够运用 Multisim 仿真软件绘制和分析电路。

素质目标

1. 培养科学分析能力；
2. 培养独立思考及创新能力。

任务一　电路动态过程的认知

任务描述

　　在点火系统中，开关的动作会促使电感线圈中产生一个快速变化的电流，从而产生高电压引起电火花。本任务通过分析换路的产生、换路后电路参数的变化来解答点火系统中开关动作的重要性，并通过 Multisim 仿真软件进行电路参数的测量。

学习要点

一、换路及过渡过程的概念

　　电路从一种稳定状态转变到另一种稳定状态所经历的中间过程，称为过渡过程。在电路分析中，我们把引起过渡过程的电路变化称为换路。如电路的接通、断开、元件参数的改变、电路连接方式的改变及电源的变化等。电路过渡过程中的电压和电流是随时间从初始值按一定的规律过渡到最终的稳态值。产生过渡过程的原因是由于含有储能元件（电容 C、电感 L 及耦合电感元件）的电路发生换路，工作状态突然改变引起的。因此，换路是产生过渡过程的外因，而内因是电路中含有储能元件，其实质是由于电路中储能元件能量的释放与储存不能突变的缘故。电路中的过渡过程就是换路后电路的能量转换过程，所以，电路产生过渡过程的充分必要的条件如下：

　　(1)含有储能元件；

　　(2)电路发生换路，换路（如 $t=0$ 时刻换路）之后，即 $t>0$ 时储能元件的能量必须发生变化，电路才能产生能量转换的过程。

小问答

　　1. 过渡过程是指_____。

2. 换路是指_____。

3. 电路产生过渡过程的充分必要条件是_____;
_____。

二、换路定律及电路初始值的计算

(一)换路定律

在换路后的一瞬间,如果流过电容的电流和电感两端的电压为有限值,则电容两端的电压与电感上的电流都应保持换路前一瞬间的原数值而不能突变,电路换路后就以此为初始值连续变化直至达到新的稳态值。这个规律称为换路定律。

为了问题简化,通常认为换路是瞬间完成的,而且把换路的瞬间作为计算时间的起点,即记为 $t=0$,而把换路前的瞬间记为 $t=0_-$,把换路后的瞬间记为 $t=0_+$。于是换路定律用数学式来表达便是

$$u_C(0_+) = u_C(0_-)$$
$$i_L(0_+) = i_L(0_-)$$

(6-1)

换路定律实质上是"能量不能突变"这一自然规律在电容和电感元件上的具体反映。需要指出的是,在换路的瞬间,只是电容两端的电压和电感中的电流不能突变,至于电容中的电流、电感两端的电压及电路其他部分的电流和电压是否突变,则要视电路的具体情况而定,它们不受换路定律的约束。

(二)电路初始值的计算

电路在换路后的最初瞬间各部分电流、电压的数值 $u(0_+)$ 和 $i(0_+)$ 统称为"初始值"。电路在过渡过程中各部分的电流、电压就是从初始值开始变化的。因此,掌握初始值的计算非常重要。

换路定律
及初始值的计算

计算初始值的一般步骤如下:

(1)先确定换路前电路中的 $u_C(0_-)$ 和 $i_L(0_-)$,并由换路定律求得 $u_C(0_+)$ 和 $i_L(0_+)$;

(2)画出电路在 $t=(0_+)$ 时的等效电路;

(3)根据 $u_C(0_+)$ 和 $i_L(0_+)$ 结合欧姆定律和 KCL、KVL 进一步求出其他有关初始值。

在进行第(2)和(3)步时应该注意,如果动态元件在换路前均未储能,则在换路后的瞬间 $u_C(0_+)$ 和 $i_L(0_+)$ 均为零,这时电容相当于短路,电感相当于开路;如果动态元件在换路前已储能,则在换路后的瞬间,$u_C(0_+)$ 和 $i_L(0_+)$ 将保持其在换路前相应的数值不变,在 $t=0_+$ 这一瞬间,电容相当于一个端电压等于 $u_C(0_+)$ 的电压源,电感相当于一个电流等于 $i_L(0_+)$ 的电流源。

【例 6-1】 在图 6-1(a)所示的电路中,$U_S=10$ V,$R_1=4$ Ω,$R_2=6$ Ω,$C_1=4$ μF。换路前电路处于稳态,求换路后电路中 u_{C1}、u_{R1}、u_{R2} 的初始值。

解:从 $t=0_-$ 的电路中,求 $u_{C1}(0_-)$。

换路前电路为直流稳态,电容 C 相当于开路,如图 6-1(b)所示。根据图 6-1(b)电路,有

$$u_{c1}(0_-) = U_S \cdot \frac{R_2}{R_1+R_2} = 10 \times \frac{6}{4+6} = 6(\text{V})$$

根据换路定律求 $u_C(0_+)$

$$u_{C1}(0_+) = u_{c1}(0_-) = 6\ \text{V}$$

从 $t=0_+$ 时的电路中，$u_{C1}(0_+)$ 当作电压源来处理，如图 6-1(c)所示。

$$u_{R1}(0_+) = U_S - u_{C1}(0_+) = 10 - 6 = 4(\text{V})$$

$$u_{R2}(0_+) = 0$$

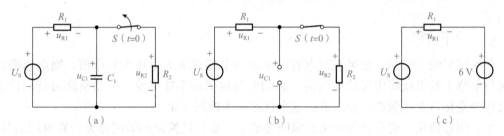

图 6-1　例 6-1 图

(a)电路图；(b)$t=0_-$ 时的电路；(c)$t=0_+$ 时的电路

【例 6-2】　在图 6-2(a)所示的电路中，$U_S=10\ \text{V}$，$R_1=1.6\ \text{k}\Omega$，$R_2=6\ \text{k}\Omega$，$R_3=4\ \text{k}\Omega$，$L=0.2\ \text{H}$。换路前电路已处于稳态，求换路后电感上电压和电流的初始值。

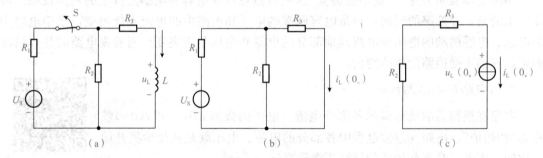

图 6-2　例 6-2 图

(a)电路图；(b)$t=0_-$ 时的等效电路；(c)$t=0_+$ 时的等效电路

解：换路前开关闭合，电路为直流稳态，电感相当于短路，如图 6-2(b)所示。根据分流公式可计算出

$$i_L(0_-) = \frac{U_S}{R_1 + \dfrac{R_2 R_3}{R_2 + R_3}} \times \frac{R_2}{R_2 + R_3} = \frac{10}{1.6 + \dfrac{6 \times 4}{6 + 4}} \times \frac{6}{6 + 4} = 1.5(\text{mA})$$

由换路定律得

$$i_L(0_+) = i_L(0_-) = 1.5\ \text{mA}$$

由图 6-2(c)$t=0_+$ 时的等效电路求 $u_L(0_+)$

$$u_L(0_+) = -i_L(0_+) \times (R_2 + R_3) = -1.5 \times (6 + 4) = -15(\text{V})$$

三、Multisim 仿真软件

电路的动态过程是一种暂态过程，其存在的时间往往非常短暂，不利于测量。通过学习 Multisim 虚拟仿真软件，我们可以利用虚拟仪表进行电路各个参数的测量，观测其变化，从而适时修订电路参数，缩短产品开发过程。

(一)进入 Multisim 软件

进入 Multisim 10 操作界面的方法为单击"开始"→"程序"→"National Instruments"→"Circuit Design Suite 10.0"→"Multisim"命令，启动 Multisim 10，可以看到图 6-3 所示的 Multisim 10 的主窗口。

软件以图形界面为主，采用菜单、工具栏和热键相结合的方式，具有一般 Windows 应用软件的界面风格，用户可以根据自己的习惯和熟悉程度自如使用。

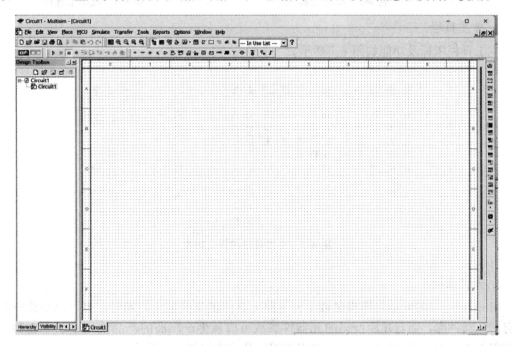

图 6-3　Multisim 10 的主窗口

从图 6-3 中可以看出，Multisim 的主窗口如同一个实际的电子实验台。屏幕中央区域最大的窗口就是电路工作区，在电路工作区上可将各种电子元器件和测试仪器仪表连接成实验电路。电路工作窗口上方是菜单栏、工具栏。从菜单栏可以选择电路连接、实验所需的各种命令。工具栏包含了常用的操作命令按钮。通过鼠标器操作即可方便地使用各种命令和实验设备。电路工作窗口两边是元器件栏和仪器仪表栏。元器件栏存放着各种电子元器件；仪器仪表栏存放着各种测试仪器仪表，用鼠标操作可以很方便地从元器件和仪器库中，提取实验所需的各种元器件及仪器、仪表到电路工作窗口并连接成实验电路。按下电路工作窗口的上方的"启动/停止"开关或"暂停/恢复"按钮可以方便地控制实验的进程。

1. 菜单栏、标准工具栏、视图工具栏

菜单栏位于界面的上方，通过菜单可以对 Multisim 的所有功能进行操作(图 6-4)。标准工具栏和视图工具栏位于菜单栏下方(图 6-5、图 6-6)。不难看出菜单栏、标准工具栏及视图工具栏中有一些与大多数 Windows 平台上的应用软件一致的功能选项，如文件、编辑、视图、放置等。其操作方法与 Windows 系统操作基本相同，这里不做详细介绍。

图 6-4　菜单栏

图 6-5　标准工具栏　　　　　　　　　　　　　图 6-6　视图工具栏

2. 主工具栏

主工具栏图标及功能如图 6-7 所示。

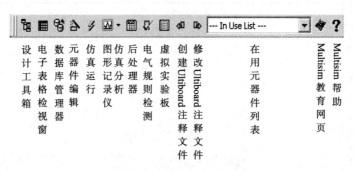

图 6-7　主工具栏图标及功能

3. 元件库栏

Multisim 10 的元器件库提供数千种电路元器件供实验选用，同时，也可以新建或扩充已有的元器件库，而且建库所需的元器件参数可以从生产厂商的产品使用手册中查到，因此也很方便在工程设计中使用。元件库栏图标及功能如图 6-8 所示。

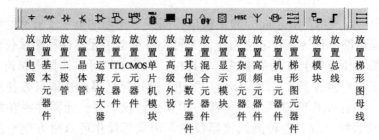

图 6-8　元件库栏图标及功能

4. 虚拟仪器库栏

Multisim 10 的虚拟测试仪器仪表种类齐全，有一般实验用的通用仪器，如万用表、函数信号发生器、双踪示波器、直流电源；而且还有一般实验室少有或没有的仪器，如波特图仪、字信号发生器、逻辑分析仪、逻辑转换器、失真仪、频谱分析仪和网络分析仪等。虚拟仪器库图标及功能如图 6-9 所示。

万用表　函数发生器　功率表　示波器　四通道示波器　伯德图仪　数字频率计　字函数发生器　逻辑分析仪　逻辑转换仪　伏安特性分析仪　失真分析仪　频谱分析仪　网络分析仪　Agilent 函数发生器　Agilent 数字万用表　Agilent 示波器　Tektronix 示波器　labVIEW 虚拟仪器　测量探针

图 6-9　虚拟仪器库栏图标及功能

(二)Multisim 10 的基本操作

1. 文件建立与打开

进入 Multisim 10 操作界面后，单击菜单栏中的"文件"→"新建"→"原理图"命令，进入原理图绘制界面，如图 6-10 所示。

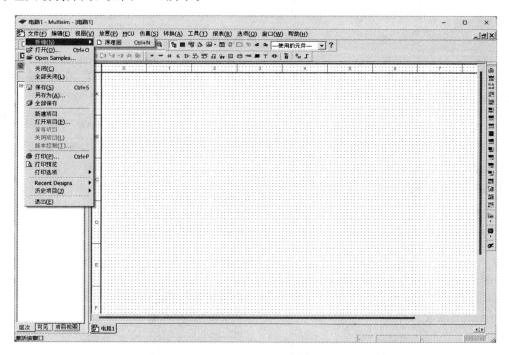

图 6-10　原理图绘制界面

2. 元器件的放置

在元器件工具栏中，单击元器件库图标按钮，弹出选择元器件对话框，电阻、电感、电容等器件都属于基础类器件，在"Group"中选择"Basic"。先放置一个 2 Ω 的电阻，在 Family 中选择"RESISTOR"，在"Component"中输入"2"，下方的下拉栏中就会出现以"2"开头的各个电阻，单击想要的参数值，即选定器件，然后单击"OK"按钮，如图 6-11 所示，即可将选定的器件放置在电路绘制窗口。连续单击鼠标，可获得多个器件，依次将 4 Ω、4 kΩ 电阻放置在电路绘制窗口。想要将 4 kΩ 的电阻由水平方向放置改成垂直方向放置，右击电阻，在弹出菜单中选中"90clockwise"，即可实现。其他相关功能还有水平镜像、垂直镜像等，可以完成器件自身显示方向的改变。

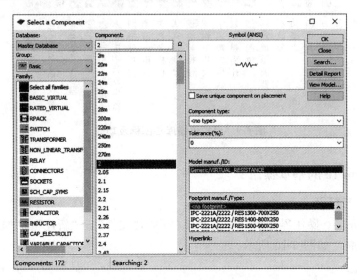

图 6-11　电阻选择

接下来选择电容器件，在基础器件中选择"CAPACITOR"，选择 10 mf 电容器，如图 6-12 所示。

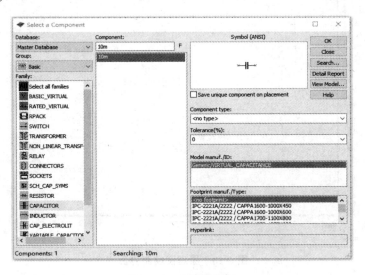

图 6-12　电容器选择

开关选择单刀双掷开关，在基础器件中选择"SWITCH"，在"Component"中选择"SP-DT"。电源在"Group"中选择"Sources"，在"Family"中选择"POWER＿SOURCES"，在"Component"中选择"DC＿POWER"，设定其电压为 12 V，设定电压值的方法为双击元件，在弹出的窗口中选择"Vaule"标签，在第一行"Voltage(v)"对应处填入"12"，如图 6-13 所示。接地端在"Group"中选择"Sources"，在"Family"中选择"POWER＿SOURCES"，在"Component"中选择"GROUND"。

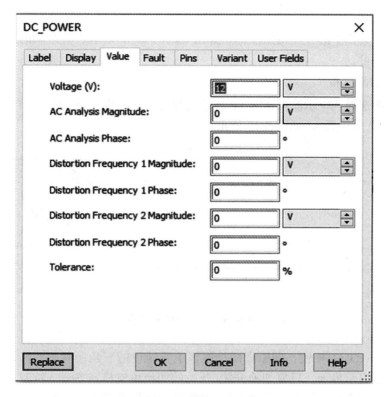

图 6-13　设定电源电压值

3. 连线的基本操作

在电路工作区，通过鼠标将元器件的一个端子连接至其他的元器件上。具体方法为单击一个元器件的一端，移动鼠标至目标元器件的一端，松开鼠标后，两个元器件即连接在一起。连接好的电路如图 6-14 所示。

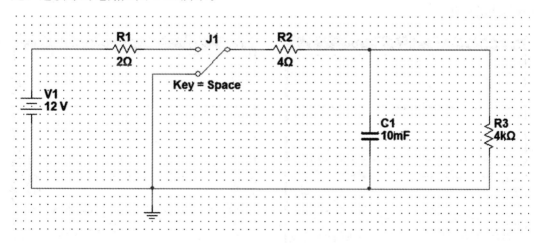

图 6-14　电路图

4. 文件存盘

单击标准工具栏中的存盘按钮图标，弹出"Save As"对话框，将绘制的仿真电路存入指定的文件夹中即可。

5. 电路的仿真分析

在仪器栏中选择四综示波器 XSC1，A 端连接电路待测电压端(图中 3 号位置)，G 端连接接地端(图中 0 号位置)，如图 6-15 所示。

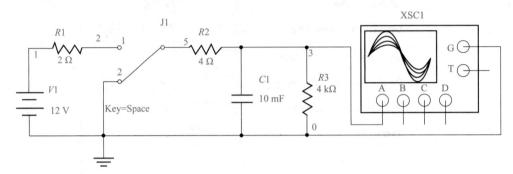

图 6-15　一阶电路原理图

单击"运行"(RUN)按钮，即原理图绘制区上方绿色的三角图标，双击示波器 XSC1 图标，弹出示波器显示界面，反复切换开关(开关的切换由空格键 Space 控制，按下一次空格键，开关从一个触点切换到另一个触点)，就能得到电容的充放电波形，如图 6-16 所示。

当开关停留在触点 1 时，电源一直给电容充电，电容充到最大值 12 V，如图 6-16 中电容充放电波形的开始阶段。

仿真时可以发现，电路的参数改变，电路的过渡过程快慢不同，输出波形不同。电路中其他参数不变时，改变电容的容量大小可使电路发生换路。如图 6-17 所示给出了电容容量较小时，$C=100\ \mu F$ 时，电容的充放电波形，该波形近似为矩形波，充放电加快，上升沿和下降沿变陡。

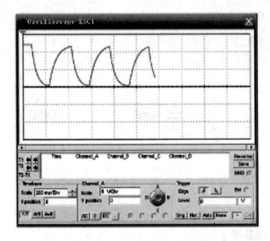

图 6-16　电容的充放电波形

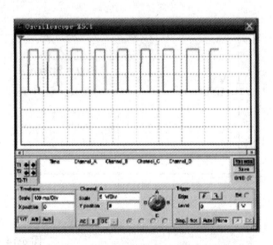

图 6-17　电容容量较小时的充放电波形

小问答

1. 换路定律的内容是_____，用数学表达式表达_____。

2. 电路初始值的计算方法：_____。

 知识拓展

电子行业是一个飞速发展的行业，市场容量极其巨大，我国也是全球重要的电子信息产品制造国之一。电子信息产品已经渗透到我们生活的各个角落，包括国防军工用品、通信、医疗、计算机及周边视听产品、玩具等。

随着社会的发展和技术的进步，人们对电子相关行业提出了更高的要求：精确、稳定、轻巧、保密、可靠；同时，电子行业又具有产品更新快、研发周期短的特点，为了满足不断发展的市场需求，加快产品结构的升级，在核心技术领域取得重大突破，电子行业必须采用新的研究方法和技术。

Multisim 是美国国家仪器(NI)有限公司推出的以 Windows 为基础的仿真工具，适用于板级的模拟/数字电路板的设计工作。它包含了电路原理图的图形输入、电路硬件描述语言输入方式，具有丰富的仿真分析能力。

Multisim 10 用软件的方法虚拟电子与电工元器件，虚拟电子与电工仪器和仪表，实现了"软件即元器件""软件即仪器"。Multisim 10 是一个原理电路设计、电路功能测试的虚拟仿真软件。

Multisim 10 具有较为详细的电路分析功能，可以完成电路的瞬态分析和稳态分析、时域和频域分析、元器件的线性和非线性分析、电路的噪声分析和失真分析、离散傅里叶分析、电路零极点分析、交直流灵敏度分析等电路分析方法，以帮助设计人员分析电路的性能。

Multisim 10 可以设计、测试和演示各种电子电路，包括电工学、模拟电路、数字电、射频电路及微控制器和接口电路等。可以对被仿真的电路中的元器件设置各种故障，如开路、短路和不同程度的漏电等，从而观察不同故障情况下的电路工作状况。在进行仿真的同时，软件还可以存储测试点的所有数据，列出被仿真电路的所有元器件清单，以及存储测试仪器的工作状态、显示波形和具体数据等。

利用 Multisim 10 可以实现计算机仿真设计与虚拟实验，与传统的电子电路设计和实验方法相比，具有如下特点：设计与实验可以同步进行，可以边设计边实验，修改调试方便；设计和实验用的元器件及测试仪器仪表齐全，可以完成各种类型的电路设计与实验；可方便地对电路参数进行测试和分析；可直接打印输出实验数据、测试参数、曲线和电路原理图；实验中不消耗实际的元器件，实验所需元器件的种类和数量不受限制，实验成本低，实验速度快，效率高；设计和实验成功的电路可以直接在产品中使用。

Multisim 10 易学易用，便于电子信息、通信工程、自动化、电气控制类专业学生自学，便于开展综合性的设计和实验，有利于培养学生综合分析能力、开发和创新的能力。

　　汽车点火系统初级电路中，开关动作后会使初级电感线圈中产生一个快速变化的电流，初级线圈上电流的快速变化通过磁耦合（互感）使次级线圈上产生一个高电压，从而产生一个电火花。本任务通过一阶电路状态的分析，一阶电路参数的计算，明确初级电感线圈中电流变化规律。

学习要点

一、一阶电路的动态方程

　　电容元件和电感元件中电压与电流的关系是通过导数（或积分）表达的，这两种元件称为储能元件，也可以称为动态元件。含有一个动态元件的电路可以称为一阶电路，对于这样的电路建立起来的方程可以称为一阶方程。

（一）一阶电路的零输入响应

1. 零输入响应的概念

　　所谓一阶电路，是指由 R、C 或 R、L 组成的电路，这种电路仅含有一种动态元件。如果这些动态元件在换路前已储能，那么即使在换路后电路中没有激励（电源）存在，仍将会有电流、电压。这是因为储能元件所储存的能量要通过电路中的电阻以热能的形式放出。我们把这种外加激励为零，仅由动态元件初始储能所产生的电流、电压称为电路的零输入响应。

2. RC 串联电路的零输入响应

　　如图 6-18 所示的电路，开关 S 原合于位置 a，RC 电路与直流电源连接，电源通过电阻 R 对电容充电至 U_0，电路处于稳态。将开关由 a 扳到 b，在换路的瞬间，由于电容的电压 u_C 不能突变，仍然保持 U_0。此时电阻 R 两端的电压 u_R 将从 0 突变至 U_0，相应地，电路中的电流 i 也由 0 突变至 U_0/R。换路后，电容通过 R 释放电荷，其两端的电压 u_C 逐渐降低，与此同时电阻电压与电流也随之减小。直至最后电容元件两极板上的电荷释放完毕，u_C、u_R 与 i 均减至为零，放电过程结束，电路进入一个新的稳定状态。在这个过程中，电容在换路前所储存的能量 $w_C(0_-) = \frac{1}{2}CU_0^2$ 逐渐被电阻所消耗，转化为热能。

　　（1）电压、电流的变化规律。根据图 6-18 中所设各变量的参考方向，列出换路后电路的 KVL 方程

$$u_C - iR = 0$$

零输入响应
和零状态响应

因为 $i=-C\dfrac{\mathrm{d}u_C}{\mathrm{d}t}$（负号是因为 i 和 u_C 为非关联参考方向）

所以 $RC\dfrac{\mathrm{d}u_C}{\mathrm{d}t}+u_C=0$

u_C 是要求解的未知函数，这是一个关于变量 u_C 的一阶线性常系数齐次微分方程，解该微分方程，并结合初始条件 $u_C(0_+)=U_0$，即可得

$$u_C=U_0\mathrm{e}^{-\frac{t}{RC}}$$

于是可求得

$$i=-C\frac{\mathrm{d}u_C}{\mathrm{d}t}=\frac{U_0}{R}\mathrm{e}^{-\frac{t}{RC}} \qquad (6\text{-}2)$$

$$u_R=u_C=U_0\mathrm{e}^{-\frac{t}{RC}} \qquad (6\text{-}3)$$

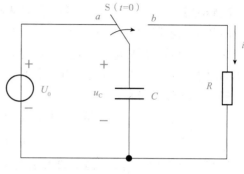

图 6-18　*RC* 放电

由此可见，换路后，电容两端的电压 u_C 从其初始值 U_0 开始随时间 t 按指数函数的规律而衰减，而电阻两端的电压 u_R 和电路中的电流 i 分别从各自的初始值 U_0 和 U_0/R 按照同一指数规律衰减。图 6-19（a）、（b）分别给出了换路后 u_C、u_R 和 i 随时间变化的曲线。

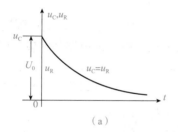
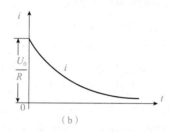

（a）　　　　　　　　　　　（b）

图 6-19　*RC* 电路的零输入响应曲线

（a）u_C、u_R 随时间变化的曲线；（b）i 随时间变化的曲线

（2）时间常数。从式（6-3）可见，电容电压 u_C 衰减的快慢取决于 RC。令 $\tau=RC$，称为电路的时间常数，其中 R 的单位用欧姆（Ω），C 的单位用法拉（F）时，τ 的单位为秒（s）。从 $t=0$ 开始，可知当 $t=\tau$ 时，电容的电压为

$$u_C=U_0\mathrm{e}^{-1}=0.368U_0=36.8\%U_0$$

即时间常数 τ 就是电容电压衰减至初始值的 36.8% 时所需要的时间。τ 越大，u_C 下降到这一数值所需的时间越长。从理论上讲，只有经过无限长的时间电路才能达到稳定，过渡过程结束；实际上指数曲线开始部分较快，而后逐渐缓慢。表 6-1 列出 RC 放电时，电容电压随时间的变化情况。

表 6-1　电容电压随时间的变化

t	0	τ	2τ	3τ	4τ	5τ	$\cdots$	∞
$-\dfrac{t}{\tau}$	1	0.368	0.135	0.05	0.018	0.007	$\cdots$	0
u_C	U_0	$0.368U_0$	$0.135U_0$	$0.05U_t$	$0.018U_0$	$0.007U_0$	$\cdots$	0

可以看出，经过 $t=3\tau$ 后，u_C 已衰减到了初始值的 5% 以下，一般认为经过 $(3\sim5)\tau$ 过

渡过程基本结束，电路进入另一个稳定状态。显然，电路的 τ 大则过渡时间长，τ 小则过渡时间就短。因此，时间常数 τ 是反映电路过渡过程持续时间长短的物理量。图 6-20 给出了几个不同 τ 值时 u_C 随时间衰减的曲线。

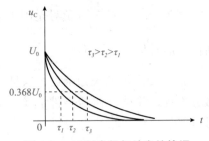

图 6-20 时间常数与放电的快慢

【例 6-3】 一组 $C=40\ \mu F$ 的电容器从高压电路断开，断开时电容器的电压 $U_0=3.5\ kV$。断开后，电容器经它本身的漏电阻放电。如电容器的漏电阻 $R=100\ M\Omega$，试问断开后经多长时间，电容器的衰减为 $1\ kV$？

解：电路的时间常数

$$\tau = RC = 100 \times 10^6 \times 40 \times 10^{-6} = 4\ 000(s)$$

由于

$$u_C(t) = U_0 e^{-\frac{t}{\tau}}$$

把 $U_0 = 3.5\ kV$，$u_C = 1\ kV$ 代入上式得 $1 = 3.5 e^{-\frac{t}{4\ 000}}$

解得

$$t = 4\ 000\ \ln 3.5 = 5\ 011(s)$$

由于 C 和 R 都比较大，电容器从电路断开后，经过约一个半小时，仍有 $1\ kV$ 的高电压。因此，在检修具有大电容的设备时，必先将其充分放电，才可工作，以免发生触电的危险。

3. RL 串联电路的零输入响应

如图 6-21 所示，电路原已处于稳定状态。在 $t=0$ 时开关闭合，电压源被短路代替，输入跃变为零，电路进入过渡过程。过渡过程中的电压、电流即电路的零输入响应。

设在换路之前流过电感元件的电流为 I_0，则在换路后的瞬间，由于电感上的电流不能突变仍为 I_0，所以此时电阻两端将有电压 $u_R(0_+) = I_0 R$。根据 KVL 定律，电感两端的电压立即从换路前的零值突变为 $I_0 R$。换路后，随着电阻不断消耗能量，电流 i 将不断减小，u_R 与 u_L 也不断减小，直至为零，过渡过程结束，电路进入一个新的稳定状态。在这个过程中，电感在换路前所储存的磁场能量 $w_L(0_+) = \frac{1}{2} LI_0^2$ 逐渐转化成热能被电阻消耗掉。

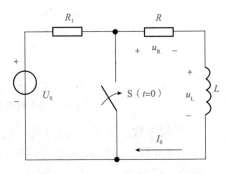

图 6-21 RL 电路的零输入响应

根据图 6-21 中所设各变量的参考方向，列出换路后电路的 KVL 方程为

$$u_R + u_L = 0$$

因为

$$u_R = iR, \quad u_L = L\frac{di}{dt}$$

所以

$$iR + L\frac{di}{dt} = 0$$

这也是一个一阶线性常系数齐次微分方程，解该微分方程，并结合初始条件 $i(0_+) = I_0$，即可得

$$i = I_0 e^{-\frac{R}{L}t} \tag{6-4}$$

$$u_R = iR = RI_0 e^{-\frac{R}{L}t} \tag{6-5}$$

$$u_L = -u_R = -RI_0 e^{-\frac{R}{L}t} \qquad (6-6)$$

由此可见，换路后，电感中的电流从其初始值 I_0 开始随时间 t 按指数规律衰减，而电阻和电感两端的电压 u_R 和 u_L 则分别从 RI_0 和 $-RI_0$ 开始按照同一指数规律衰减，如图 6-22 所示。

式(6-5)中 $\tau = \dfrac{L}{R}$，称为电路的时间常数，τ 的单位为秒(s)。它的大小反映了 RL 电路响应的衰减快慢程度。τ 越大，各电路变量衰减得越慢，过渡过程就越长。

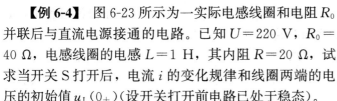

图 6-22　RL 电路的零输入响应曲线

【例 6-4】　图 6-23 所示为一实际电感线圈和电阻 R_0 并联后与直流电源接通的电路。已知 $U = 220$ V，$R_0 = 40\ \Omega$，电感线圈的电感 $L = 1$ H，其内阻 $R = 20\ \Omega$，试求当开关 S 打开后，电流 i 的变化规律和线圈两端的电压的初始值 $u_L(0_+)$(设开关打开前电路已处于稳态)。

解：设所求变量的参考方向如图 6-23 所示，且开关 S 打开瞬间为计时起点。换路后瞬间电感的电流为

$$I_0 = i(0_+) = i(0_-) = \frac{U}{R} = \frac{220}{20} = 11\,(\text{A})$$

电路的时间常数为

$$\tau = \frac{L}{R_0 + R} = \frac{1}{60}\,(\text{S})$$

图 6-23　例 6-4 电路图

求得
$$i = I_0 e^{-\frac{R}{L}t} = 11 e^{-60t}\,(\text{A})$$

$$u_L(0_+) = -u_{R_0}(0_+) = -I_0 R_0 = -11 \times 40 = -440\,(\text{V})$$

(二)一阶电路的零状态响应

1. 零状态响应的概念

如果在换路前电容和电感元件没有储能，则在换路后的瞬间电容两端的电压为零，电感中的电流为零，我们称电路这种情况为零初始状态。一个零初始状态的电路在换路后受到(直流)激励作用而产生的电流、电压便称为电路的零状态响应。下面分别介绍 R、C 和 R、L 所构成的一阶电路的零状态响应。

2. RC 串联电路的零状态响应

图 6-24 所示为一个最简单的 RC 充电电路，电容上电压为零(即原先不带电)，在 $t = 0$ 时将开关 S 合上。在换路的瞬间，由于 $u_C(0_+) = 0$，电容相当于短路，因此 U_S 全部加在电阻 R 上，故 u_R 立即由换路前的 0 突变至 U_S，电流也相应地由换路前的 0 突变至 U_S/R。换路后，电容开始充电，随着时间的增长，极板上积聚的电荷越来越多，电容两端的电压 u_C 也不断增大，与此同时电阻电压 u_R 则逐渐减小($u_C + u_R = U_S$)，电流 i 也随之减小，直到充电完毕，电容两端的电压 u_C 等于 U_S，电阻两端的电压 u_R 及电流 i 减小至零，过渡过程结束，电路进入一个新的稳定状态。

根据图 6-24 中所设各变量的参考方向，列出换路后电路的 KVL 方程

$$u_R + u_C = U_S$$

因为 $\qquad u_R = iR,\quad i = C\dfrac{du_c}{dt}$

所以 $\qquad RC\dfrac{du_C}{dt} + u_C = U_S$

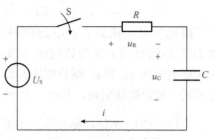

图 6-24　RC 充电电路

解该微分方程，并结合初始条件 $u_C(0_+) = 0$，即可得到

$$u_c = U_S(1 - e^{-\frac{t}{RC}}) = U_S - U_S e^{-\frac{t}{RC}} \qquad (6\text{-}7)$$

这就是换路以后电容两端电压 u_C 在过渡过程中的变化规律。式(6-7)右边第一项 U_S 是电容充电完毕以后的电压值，是电容电压的稳态值，称其为"稳态分量"；第二项 $U_S e^{-\frac{t}{RC}}$ 将随着时间按指数规律衰减，最后为零，称其为"暂态分量"。因此，在整个过渡过程中，u_C 可以认为是由稳态分量和暂态分量的叠加而成的。

下面来分析电阻的电压 u_R 和电流 i 的情况。

$$u_R = U_S - u_c = U_S e^{-\frac{t}{RC}} \qquad (6\text{-}8)$$

$$i = \dfrac{u_R}{R} = \dfrac{U_S}{R} e^{-\frac{t}{RC}} \qquad (6\text{-}9)$$

可见，换路后 u_R 和 i 分别由从 U_S 和 U_S/R 随时间 t 按指数规律衰减，由于在稳定状态下，电容相当于开路，电路的电流 i 和电阻的电压 u_R 最终的稳态值均为零，所以上式中只有它们随时间衰减的暂态分量而无稳态分量。

图 6-25(a)、(b)分别给出了换路后 u_C、u_R 和 i 随时间变化的曲线。

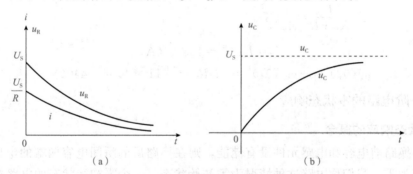

图 6-25　RC 充电电路的零状态响应曲线

(a)u_C、u_R 随时间变化的曲线；(b)i 随时间变化的曲线

由式(6-7)～式(6-9)可知，电路变量的暂态分量衰减的快慢取决于因子 RC，与电路的零输入响应一样，把 $\tau = RC$ 称为电路的时间常数，τ 越大，各变量的暂态分量衰减得越慢，电路进入新的稳态所需时间越长，即过渡过程越长。当 $t = \tau$ 时，有

$$u_C = U_S(1 - e^{-1}) = U_S(1 - 0.368) = 63.2\% U_S$$

即经过 1τ 的时间，电容的电压已达到其稳态值的 63.2%。一般认为在经过了 5τ 的时间以后，各电路变量的暂态分量衰减到其初始值的 5% 以下时，过渡过程即可视为结束，电路进入新的稳定状态。

3. RL 串联电路的零状态响应

在图 6-26 所示的电路中，电感的电流为零，在 $t = 0$ 时，开关 S 闭合。在开关闭合瞬间，由于电感的电流不能突变，电路中的电流 i 仍然为零，所以电阻 R 上没有电压，这时电源电压全部加在电感两端，即 u_L 立即从换路前的 0 突变至 U_S；随着时间的增大，电路中的电流 i 逐渐增大，u_R 也随之逐渐增大，与此同时，u_L 则逐渐减小（$u_L + u_R = U_S$），直至最后电路稳定时，电感相当于短路，$u_L = 0$，于是 $u_R = U_S$，$i = U_S/R$，过渡过程结束，电路进入一个新的稳定状态。

根据图 6-26 中所设各变量的参考方向，列出换路后电路的 KVL 方程

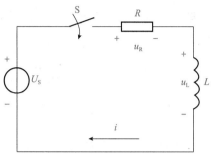

图 6-26　RL 电路的零状态响应

$$u_L + u_R = U_S$$

因为

$$u_L = L\frac{\mathrm{d}i}{\mathrm{d}t} \quad u_R = iR$$

所以

$$L\frac{\mathrm{d}i}{\mathrm{d}t} + Ri = U_S$$

这是一个一阶微分方程，解该微分方程，并结合初始条件 $i(0_+) = 0$，即可得

$$i = \frac{U_S}{R}(1 - \mathrm{e}^{-\frac{R}{L}t}) = \frac{U_S}{R} - \frac{U_S}{R}\mathrm{e}^{-\frac{R}{L}t} \tag{6-10}$$

这就是换路以后电路电流 i 在过渡过程中的变化规律。

下面来分析电感电压 u_L 和电阻电压 u_R 的情况：

$$u_L = L\frac{\mathrm{d}i}{\mathrm{d}t} = U_S\mathrm{e}^{-\frac{R}{L}t} \tag{6-11}$$

$$u_R = Ri = U_S(1 - \mathrm{e}^{-\frac{R}{L}t}) = U_S - U_S\mathrm{e}^{-\frac{R}{L}t} \tag{6-12}$$

由此可见，换路后 u_L 从 U_S 开始即随时间 t 按指数规律逐渐衰减。由于在稳定状态下，电感相当于短路，u_L 最终的稳态值为零，所以在式（6-11）中只有其随时间衰减的暂态分量而无稳态分量；u_R 在换路后最终到达其稳态值 U_S，而其暂态分量 $U_S\mathrm{e}^{-\frac{R}{L}t}$ 则随时间 t 按指数函数的规律逐渐衰减至零。

图 6-27(a)、(b)分别给出了换路后 i、u_L 和 u_R 随时间变化的曲线。

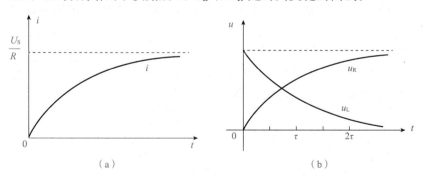

(a)　　　　　　　　　　　　(b)

图 6-27　RL 电路零状态响应曲线

(a)i 随时间变化的曲线；(b)u_L、u_R 随时间变化的曲线

由上式可知，各电路变量的暂态分量衰减的快慢取决于 L/R，把 $\tau = L/R$ 称为电路的时间常数，其意义同前。一般认为在经过了 5τ 的时间以后，过渡过程即可视为结束。

【例 6-5】　如图 6-28 所示为直流发电机的励磁绕组回路。已知绕组电阻 $R = 20\ \Omega$，电感

$L=20$ H，外加额定电压为 200 V，试求当开关 S 闭合后励磁电流 i 的变化规律和电流达到稳态值所需要的时间。

解：因为
$$i = \frac{U_S}{R}(1 - e^{-\frac{R}{L}t})$$

其中
$$U = 200 \text{ V}, \tau = \frac{L}{R} = \frac{20}{20} = 1(\text{s})$$

故有
$$i = \frac{200}{20}(1 - e^{-t}) = 10(1 - e^{-t})(\text{A})$$

一般认为，电流达到稳态值所需要的时间为 $(4\sim5)\tau$，即 $(4\sim5)$ s。

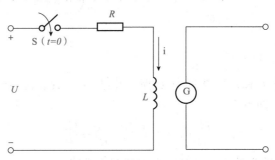

图 6-28　例 6-5 电路图

(三)一阶电路的全响应

如果电容和电感元件原先已储能，则在换路后的瞬间电容两端将有电压 $u_c(0_+) = U_0$、电感中将有电流 $i_L(0_+) = I_0$，称电路这种状态为非零初始状态。一个非零初始状态的电路受到(直流)激励作用而在其中产生的电流、电压便称为电路的全响应。对于线性电路，其全响应可以应用叠加定理，把它看成是由零输入响应和零状态响应的叠加。本节以 RC 串联电路为例，介绍一阶电路全响应的分析方法。

在图 6-29 所示的电路中，电容已充电至 U_0，$t=0$ 时将开关 S 合上。下面分析从换路后瞬间起、至电路进入新的稳定状态这段时间内电容两端的电压 u_C 及电路的电流 i 的变化规律。

根据叠加定理，电路的全响应应该等于 $U_0=0$ 时电路的零状态响应与 $U_S=0$ 时电路的零输入响应之和，于是 u_C 的全响应表达式为

$$u_C = U_S(1 - e^{-\frac{t}{RC}}) + U_0 e^{-\frac{t}{RC}} \quad (6\text{-}13)$$

同样地，电路电流 i 的全响应表达式为

$$i = \frac{U_S}{R}e^{-\frac{t}{RC}} - \frac{U_0}{R}e^{-\frac{t}{RC}} \quad (6\text{-}14)$$

注意，由于图 6-29 中电流 i 和 u_C 为关联参考方向。

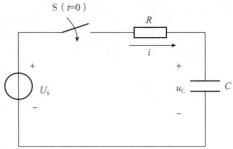

图 6-29　RC 电路的全响应

式(6-13)和式(6-14)也可以写成另一种形式：

$$u_C = U_S + (U_0 - U_S)e^{-\frac{t}{RC}} \quad (6\text{-}15)$$

$$i = \frac{U_S - U_0}{R}e^{-\frac{t}{RC}} \quad (6\text{-}16)$$

u_C 的全响应可以认为是由稳态分量 U_S 和暂态分量 $(U_0-U_S)\mathrm{e}^{-\frac{t}{RC}}$ 的叠加所组成的，由于电路稳定时电容相当于开路，电流 i 最终的稳态值为零，所以式(6-16)只有暂态分量而无稳态分量。现根据 U_S 和 U_0 的关系，结合式(6-15)、式(6-16)，把电路分成三种情况来讨论。

(1)若 $U_S>U_0$，即电源电压大于电容的初始电压，则在过渡过程中 $i>0$，即电流始终流向电容的正极板，电容继续充电，u_C 从 U_0 起按指数规律增大到 U_S。

(2)若 $U_S<U_0$，即电源电压小于电容的初始电压，则在过渡过程中 $i<0$，即电流始终由电容的正极板流出，电容放电，u_C 从 U_0 起按指数规律下降到 U_S。

(3)若 $U_S=U_0$，即电源电压等于电容的初始电压，则在开关合上后，$i=0$，$u_C=U_S$，电路立即进入稳定状态，不发生过渡过程。

图 6-30 分别给出了上述三种情况下 u_C 和 i 的变化曲线(以曲线1、曲线2和曲线3相区别)。

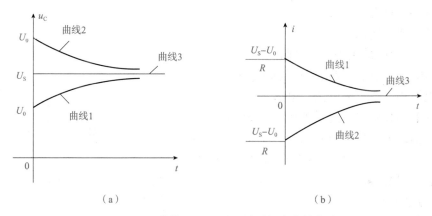

图 6-30　三种情况下 u_C 和 i 随时间变化的曲线

(a)u_C 随时间变化的曲线；(b)i 随时间变化的曲线

上面介绍了串联 RC 电路全响应的分析方法，对于 RL 串联电路，其分析方法完全相同，在此不再重复。总之，如果电路中仅有一个储能元件(L 或 C)，电路的其他部分由电阻和独立电源连接而成，这种电路仍然是一阶电路，在求解这类电路时，可以将储能元件以外的部分应用戴南定理进行等效化简，从而使整个电路仍然变成 RC 或 RL 串联的形式，然后便可利用上面介绍的分析方法求得储能元件的电流和电压。在此基础上，结合欧姆定律和 KCL、KVL 还可以进一步求出原电路中其他部分的电流、电压。

二、一阶电路动态响应的三要素法

我们现在来观察 RC 串联电路的全响应公式(6-15)：
$$u_C = U_S + (U_0-U_S)\mathrm{e}^{-\frac{t}{RC}}$$
式中，U_0 是电路在换路瞬间电容的初始值 $u_C(0_+)$；U_S 是电路在时间 $t\to\infty$ 时电容的稳态值，可计做 $u_C(\infty)$；τ 是时间常数，于是式(6-15)可写成
$$u_C = u_C(\infty) + [u_C(0_+) - u_C(\infty)]\mathrm{e}^{-\frac{t}{RC}} \tag{6-17}$$
也就是说，只要求得了电容电压的初始值 $u_C(0_+)$、稳态值 $u_C(\infty)$ 和时间常数 τ，然后代入上式中，即可求得 u_C 的全响应。可以把式(6-17)写成一般的形式(推导从略)，即

$$f(t) = f(\infty) + [f(0_+) - f(\infty)]e^{-\frac{t}{\tau}} \qquad (6\text{-}18)$$

式中，$f(t)$是待求电路变量的全响应；$f(0_+)$是待求电路变量的初始值；$f(\infty)$是待求电路变量的稳态值；τ是电路的时间常数。

一阶电路的
全响应及三要素法

这样，只要知道了这三个要素就可以利用式(6-18)直接写出一阶电路中任一电路变量在换路后的全响应$f(t)$，不必列微分方程求解。这个方法称为一阶电路的三要素法。

在式(6-18)中，$f(0_+)$的求取方法前面已介绍过，这里不再重复；$f(\infty)$是换路后待求变量的稳态值，可以把电路中的电感视作短路、电容视作开路，再根据KVL、KCL列出电路方程求得；反映过渡过程持续时间长短的时间常数由电路本身的参数决定，与激励无关，对RC电路而言$\tau = RC$，对RL电路而言$\tau = L/R$，其中R是在换路后的电路中将储能元件（C或L）移去后从所形成的二端口处看进去的等效电阻，即戴维南等效电路中的等效电阻。在同一电路中τ只有一个值。

最后还需要说明的是：

(1)三要素法仅适用于一阶电路。

(2)利用三要素法不仅限于求解储能元件上而且可以是电路中任意出的电流、电压。

【例 6-6】 如图 6-31 所示的电路，已知 $R_1 = R_2 = R_3 = 3\ \text{k}\Omega$，$C = 1\ 000\ \text{pF}$，$U_S = 12\ \text{V}$，开关 S 未打开时 $U_C(0_-) = 0$，在 $t = 0$ 时将 S 打开，试求电压 u_C 的变化规律。

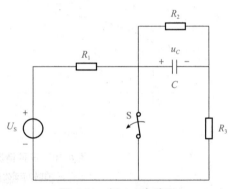

图 6-31 例 6-6 电路图

解：(1)求初始值。

根据换路定律有 $u_C(0_+) = u_C(0_-) = 0$

(2)求稳态值。当电路达到稳态时，电容 C 相当于开路，所以 u_C 的稳态值为

$$u_C(\infty) = \frac{R_2}{R_1 + R_2 + R_3}U_S = \frac{3}{3+3+3} \times 12 = 4(\text{V})$$

(3)求时间常数 τ。在 $t = 0_+$ 时的电路中，将电压源短路，把电容 C 断开，从其两端来看 R_1 与 R_3 串联后再与 R_2 并联组成等效电阻 R，故求得时间常数为

$$\tau = RC = \frac{(R_1 + R_2)R_3}{R_1 + R_2 + R_3}C = \frac{(3+3) \times 3}{3+3+3} \times 10^3 \times 10^{-9} = 2(\mu s)$$

(4)将三要素代入式(6-17)求得

$$u_C(t) = 4 + (0 - 4)e^{-5 \times 10^5 t} = 4 + (1 - e^{-5 \times 10^5 t})\text{V}$$

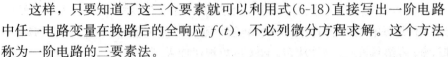

小问答

1. _____，称为一阶电路。

2. 零输入响应是指_____。全响应是指_____。

3. 一阶电路全响应的一般表达式：_____。

182

项目实施

汽油汽车点火系统初级电路是一个典型的利用电路暂态过程在实际工程中应用的实例。本项目用理想电感元件表示初级线圈，形成简略电路原理图，使用 Multisim 虚拟仿真软件对汽油汽车点火系统初级电路进行设计和仿真分析。

一、电路设计

1. 打开 Multisim 10 设计环境

单击"File"→"New"→"Schematic Capture"命令，新建电路原理图编辑窗口，如图 6-32 所示。工程栏此时同步出现一个新的名称，单击"File"→"Save"命令进行保存。

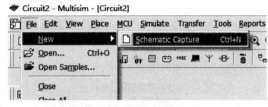

图 6-32　新建电路原理图

2. 汽油汽车点火系统初级电路元件的选取

(1)打开元件选择窗口，选择 12 V 直流电压源，在"Sources"中选择"POWER _ SOURCES"，应"Component"中选择"DC _ POWER"，如图 6-33 所示。

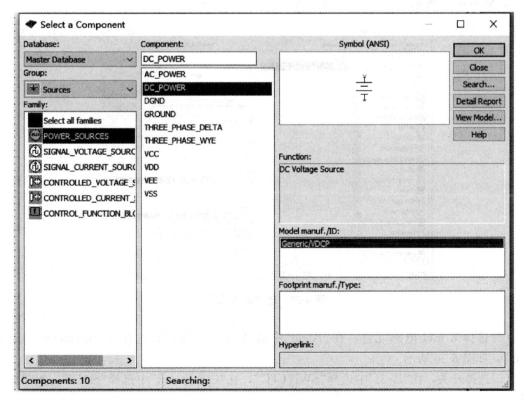

图 6-33　选择电源元件

（2）选择接地端，在"Sources"中选择"POWER _ SOURCES"，在"Component"中选择"GROUND"，如图 6-34 所示。

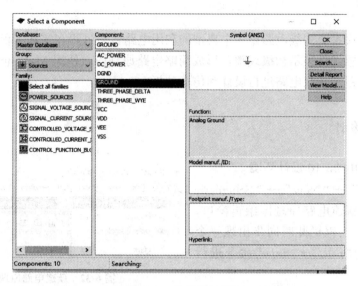

图 6-34　选择接地端

（3）选择 1 μF 电容元件，在"Basic"中选择"CAPACITOR"，在"Component"中选择"1μ"，如图 6-35 所示。

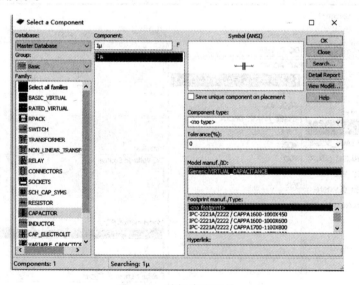

图 6-35　选择电容元件

（4）选择 8 mH 电感元件，在"Basic"中选择"INDUCTOR"，在"Component"中选择"8 m"，如图 6-36 所示。

（5）选择开关，在"Basic"中选择"SWITCH""，在"Component"中选择"SPST"，如图 6-37所示。

（6）选择 4 Ω 电阻元件，"Basic"中选择"RESISTOR"，在"Component"中选择"4"，如图 6-38 所示。

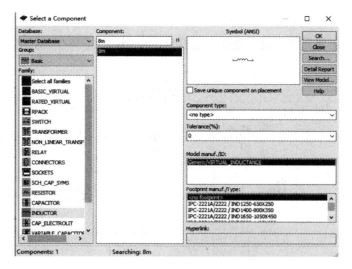

图 6-36 选择电感元件

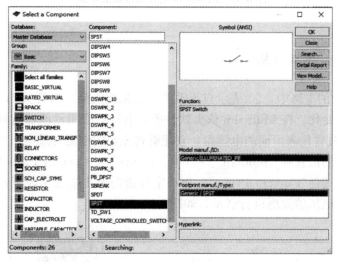

图 6-37 选择开关

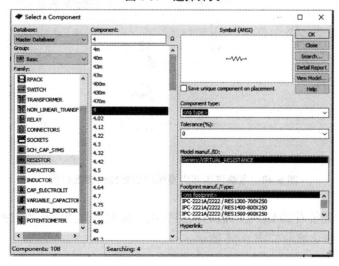

图 6-38 选择电阻元件

3. 汽油汽车点火系统初级电路搭建

选择好需要的电路元件后进行连线，连接好的电路如图 6-39 所示。

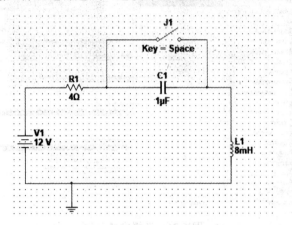

图6-39　汽油汽车点火系统初级电路

二、Multisim 仿真分析

在图 6-39 所示的电路中，L1 表示点火系统中的初级线圈，当开关 J1 变化时，L1 中的电流应该也会发生变化。在 Multisim 仿真软件中，电流不能用示波器直接显示，因此，先在 L1 所在电路中放置仪表里面的电流钳，它能够将流经的电流转成电压并输入到示波器中进行显示。电流钳的位置在 "Simulate"→"Instruments"→"Current Probe"，或者直接在虚拟仪器库栏中直接选择 "Current Probe"。再将电流钳的输出端与示波器的输入端相连，将电流的变化转化成电压的波形进行展示，如图 6-40 所示。

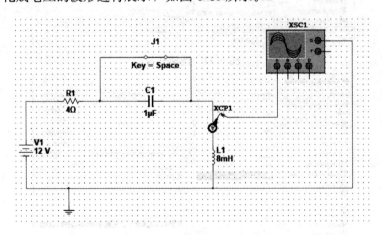

图6-40　汽油汽车点火系统初级电路仪器连接图

拨动开关 J1，能够看到 L1 电压值的剧烈变化，这就是汽油汽车点火系统会产生电火花的根本原因。电压变化波形如图 6-41 所示。

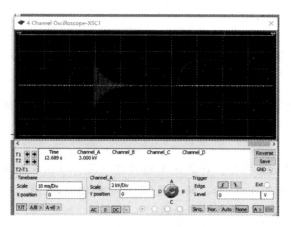

图 6-41　电压波形图

项 目 小 结

1. 电路从一种稳定状态转变到另一种稳定状态所经历的中间过程，称为过渡过程。

2. 在电路分析中，我们把引起过渡过程的电路变化称为换路。

3. 电路产生过渡过程的充分必要的条件：含有储能元件；电路发生换路。

4. 换路定律：在换路后的一瞬间，如果流过电容的电流和电感两端的电压为有限值，则电容两端的电压与电感上的电流都应保持换路前一瞬间的原数值而不能突变，电路换路后就以此为初始值连续变化直至达到新的稳态值。

5. 电路在换路后的最初瞬间各部分电流、电压的数值 $u(0_+)$ 和 $i(0_+)$ 统称为"初始值"。

6. 电容元件和电感元件中电压和电流的关系是通过导数（或积分）表达的，这两种元件称为储能元件，也可以称为动态元件。

7. 含有一个动态元件的电路可以称为一阶电路，对于这样的电路建立起来的方程可以称为一阶方程。

8. 外加激励为零，仅由动态元件初始储能所产生的电流、电压称为电路的零输入响应。

9. 时间常数 τ 是反映电路过渡过程持续时间长短的物理量。

10. 如果在换路前电容和电感元件没有储能，则在换路后的瞬间电容两端的电压为零，电感中的电流为零，我们称电路这种情况为零初始状态。一个零初始状态的电路在换路后受到（直流）激励作用而产生的电流、电压便称为电路的零状态响应。

11. 对于线性电路，其全响应可以应用叠加定理，把它看成是由零输入响应和零状态响应的叠加。

12. 一阶电路三要素法：$f(t) = f(\infty) + [f(0_+) - f(\infty)] e^{-\frac{t}{\tau}}$。

13. Multisim 仿真软件在使用虚拟仪表时，电路中一定要有接地端。

14. 改变元件方向可以使用旋转、镜像等功能进行调整，以使电路布局更加美观、整洁。

工业仿真软件发展现状

工业仿真就是对实体工业的一种虚拟，将实体工业中的各个模块转化成数据整合到一个虚拟的体系中，在这个体系中模拟实现工业作业中的每一项工作和流程，并与之实现各种交互。

伴随着计算速度的迅速提升、计算成本的快速下降、移动互联网的普及、工业物联网的广泛应用及新材料（如复合材料）、新工艺（如增材制造）的发展，表现出工业仿真技术日渐融合的趋势。例如，设计即仿真，开始成为工业领域的标配。

根据统计，近二十年来，仅 ANSYS、MSC、达索、ESI 和西门子这五家厂商就并购了100 多家软件企业。其中 30 多起并购事件发生在最近三年内，可以说全球仿真近十年来的发展基本上就是并购。

除并购外，国际仿真软件厂商还通过研发、合作等方式推出新产品，以期继续引领产业甚至新一轮工业革命的发展。

总体来看，大的全球工程仿真软件产业格局相对固定，以 ANSYS、MSC、达索系统、Altair、西门子 PLM 等为代表的国际仿真软件巨头在技术、产品、市场等多方面均以较大优势领跑。

在国际巨头的夹缝中求生存，我国成长起来一批致力于自主研发 CAE 的软件公司。

很多公司构建了自己的仿真平台，例如，安世亚太是 ANSYS 在中国最大的合作伙伴，提供工程咨询，构建了仿真云平台；中仿科技将虚拟现实技术融入飞行模拟中，同时提供研发工具和系统仿真平台；瑞风协同拥有试验数据管理、工程知识平台、协同仿真平台。

基于平台优势，各家公司推出系统软件产品，较为突出的有索为系统公司构建了大量工业 App，能够快速构建针对特定产品的设计系统；上海索辰信息自主研发了仿真平台，提供一系列专用的仿真软件产品；海基科技从流体仿真起家，研发了企业工程数据中心、试验数据管理平台，提供面向多个物理场的仿真软件和工艺仿真软件；安世亚太自主研发了精益研发平台，开发了声学仿真、大尺度仿真、综合设计仿真、需求分析、MBSE（基于模型的系统工程）等软件；安怀信除了提供自主研发的支撑软件和咨询服务，还拥有仿真结果验证和确认（V&V），以及 DFM（可制造性分析）软件；美的集团通过并购 KUKA 公司，获得了一个功能强大的工厂仿真软件 Visual Components。

从服务领域来看，杭州易泰达是国内为数不多从事电机设计和仿真的公司；天舟上元致力于高端装备产品数字化研发；上海致卓（T-solution）则专注于电磁仿真和工程领域；安世亚太进军增材制造领域。

另外，我国还有一批自主研发仿真软件的科研院所。目前，比较活跃的包括中航工业飞机强度研究所（623 所），历经四十多年，不断完善航空结构强度分析与优化系统（HAJIF），成为国内航空界功能最为全面的大型 CAE 软件系统；中国工程物理研究院高性能数值模拟软件中心研发了一系列高性能计算和工程仿真的中间件，以及专用的高性能仿真软件；中船重工 702 所组建了奥蓝托无锡软件公司（ORIENT），该公司有工程仿真、数字化试验和科研业务管理三大系列软件，在工程仿真领域研发了 CAE 前后处理、工业 App 集成和高性能计算软件，还开发了水动力学仿真软件。

尽管错失 30 年，尽管才露尖尖角，但中国工业仿真软件的火种还是开始点燃了。

1. 电路如图 6-42 所示，已知 $U_S = 12\ V$，$R_1 = 4\ k\Omega$，$R_2 = 8\ k\Omega$，$C = 1\ \mu F$，$t = 0$ 时开关 S 闭合。求开关闭合后瞬间各支路电流及电容的电压值。

2. 在如图 6-43 所示的电路中，已知 $U_S = 1\ V$，$R_1 = 4\ \Omega$，$R_2 = 6\ \Omega$，$L = 5\ mH$，$t = 0$ 时开关 S 闭合，求换路瞬间电感元件的电流与电压。

习题讲解

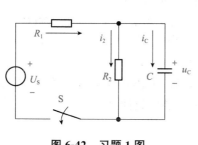

图 6-42　习题 1 图

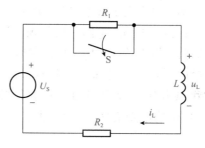

图 6-43　习题 2 图

3. 在如图 6-44 所示的电路中，已知 $U_S = 10\ V$，$R = 4\ \Omega$，$R_1 = R_2 = 6\ \Omega$，开关 S 闭合前电容和电感均未储能。试求开关 S 闭合后瞬间 $i(0_+)$、$i_1(0_+)$、$i_2(0_+)$ 和 $u_L(0_+)$。

4. 在如图 6-45 所示的电路中，开关 S 打开很久，$t = 0$ 时开关闭合，试用三要素法求 $t \geqslant 0$ 时的电流 $i(t)$。

5. 在如图 6-46 所示的电路中，已知 $U_S = 6\ V$，$R_1 = 10\ k\Omega$，$R_2 = 20\ k\Omega$，$C = 1\ 000\ pF$ 且原先不储能，试用三要素求开关 S 闭合后 R_2 两端的电压 u_{R2}。

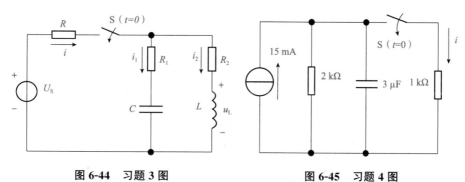

图 6-44　习题 3 图　　　　　　　图 6-45　习题 4 图

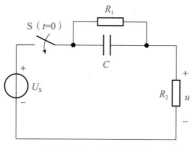

图 6-46　习题 5 图

参 考 文 献

[1] 姜洪雁. 实用电工技术[M]. 北京：北京理工大学出版社，2017.

[2] 曹金洪. 新编电工实用手册[M]. 天津：天津科学技术出版社，2014.

[3] 傅贵兴. 实用电工电子技术[M]. 北京：机械工业出版社，2016.

[4] 王丽娟，石会，王渊. 电路分析基础[M]. 2 版. 北京：机械工业出版社，2022.

[5] 国家市场监督管理总局，国家标准化管理委员会. GB/T 17045—2020 电击防护 装置和设备的通用部分[S]. 北京：中国标准出版社，2020.

[6] 中华人民共和国国家质量监督检验检疫总局，中国国家标准化管理委员会. GB/T 13869—2017 用电安全导则[S]. 北京：中国标准出版社，2017.